飼い鳥のほんねがわかる本

とりほん

マンガ もねこ × 監修 磯崎哲也

西東社

おはよう ピーちゃん アオちゃん
ばさっ
ピピーッ
オハヨ
あたーらしーいー あーさがきたー♪
4分クッキング♪
ふたりとも今日もごきげんだね
あさだ あーさーだーよっ アオちゃんーの もとっ
おはよ〜
おっ また替え歌作ってる…
ねえハル、これってほかのインコもやるの？
たしか前に飼ってたセキセイも替え歌作ってたような…
ピーちゃんもちゃんとリズムに合わせて踊ってるし…
ぴっ
ぴ
これってすごいよね？
うちのコ天才
なのでは…
インコがダンスをするのはふつうのことですよ
誰!?

飼鳥研究家の磯崎哲也です
知ってる!
インコの本たくさん書いてる人だ!
でも先生
インコは少なくとも僕より歌やダンスはうまいと思うんです
カラオケデートの思い出
ぼえ〜
たしかに…
鳥が歌やダンスがうまいわけ
それは…
だあれ?
あと!
しぐさもかわいいし
お客さん??
羽根もすごくキレイだし
くる
くる
ダイジョブ?
じ…
うぷ…
優しいし!
二日酔い
なんで鳥ってこんなにすごくて
うんうん
かわいいんですか!?
ぜんぶ教えてください!!
どうどう…

登場人物＆鳥たち紹介

ハル

鳥好き。子どものときから鳥と暮らしている。姉も友人もみんな鳥好き。

ショウタ

ハルの夫。鳥を飼うのは初めてだが、勉強熱心。ピピ&アオにもっとなついてもらえるよう努力中。

ピピ

オカメインコ（♂・ノーマル・3歳）。オカメらしくおっとりとした性格。ハルが好き。曲に合わせて踊るのが好き。

アオ

セキセイインコ（♂・ノーマルブルー・1歳）。好奇心旺盛でちょっと気が強い。ハルが好き。おしゃべりと歌が得意。

おもち&いちご

ハルの姉、マイが飼っている文鳥ペア。おもちは白♂、いちごはノーマル♀、ともに2歳。ラブラブ。

モミジ&カエデ

ハルの友人、サヤカが飼っているキンカチョウのペア。モミジは♂、カエデは♀、2羽ともノーマル・2歳。ラブラブで卵を産むことも。

スイカ

ハルの友人、マリが飼っているコザクラインコ（♀・ノーマル・2歳）。紙をかじるのが好き。

鳥カフェの仲間たち

ハルがよく行くモフバード・カフェにはヨウムのヨンさま、タイハクオウムのハカセくんなど多くの鳥がいる。スタッフのハヤトくんが熱心にお世話している。

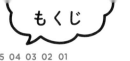

もくじ

1章 鳥には鳥のりゆうがある

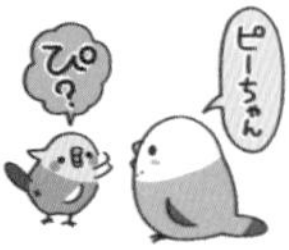

2章 困ったちゃんのそのワケは

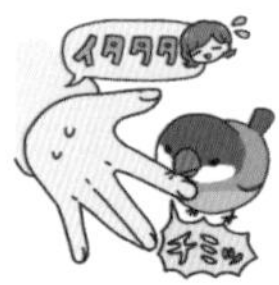

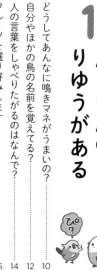

3章 かわいいにもほどがある

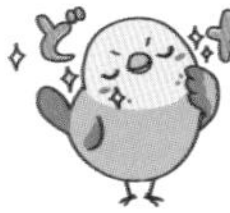

どや

4章 トリアタマとは言わせない

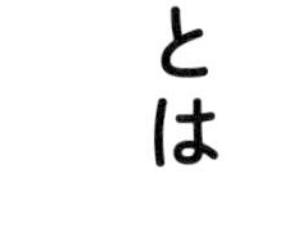

3
How many total?

5章 愛こそすべてさ

1章

鳥には鳥のりゆうがある

01 どうしてあんなに鳴きマネがうまいの？

電話やLINEの着信音、玄関チャイムや電子レンジの音まで、ありとあらゆる生活音を鳴きマネする鳥たち。なかには緊急地震速報そっくりな音を出す人騒がせな鳥さんもいるようです。

インコやオウムがいろんな音を鳴きマネするのは、**鳴きマネがうまいオスほどメスにモテるから**。鳴きマネのうまさは頭のよさや器用さのあかし、つまり優秀なオスのあかしなのです。鳴き声のバリエーションは多いほどいいため、聴いた音は片っ端からマネするようになります。

ちなみに**セキセイインコのペアはいっしょに暮らすうちに、オスがメスとそっくりな鳴き声を出すようになる**ことが実験でわかったそう。メスは自分と同じ鳴き声を出せる器用なオスを好むのです。鳴きマネのできない不器用なオスは願い下げ。オスを選ぶ立場のメスは鳴きマネに精を出すことはありませんが、すぐれた審美眼ならぬ審美耳（？）をもっていて相手をジャッジしています。

とりの ほんね

ズバリ、鳴きマネのできるオスがモテるから。聴いた音を完コピできるのは頭のよさや器用さのあかし！

02 自分やほかの鳥の名前を覚えてる？

ピーちゃんは放鳥してもベッタリ離れないね
甘えんぼさんめ♡
ピーちゃんかわいいね～
デレデレ
ポロッ
!
アオチャンカワイイ アオチャン
アオチャンサイコウ！
アオちゃんもピーちゃんも世界で一番かわいいよ～
CHU♡
CHU♡
楽しそうだね

名前を呼ぶと鳥が反応してくれるのは飼い主さんならご存じの通り。いっしょに暮らすほかの鳥の名前を呼ぶインコもいますから、自分だけでなく別の鳥の名前も覚えるのでしょう。

南米にいるルリハインコは巣の中でヒナを育てるとき、**親がそれぞれのヒナを別々の音（コンタクトコール）で呼ぶそうです。つまりこれは、名前です。**この名前はその後も、親やきょうだいがその鳥を呼ぶときに使われるのだそう。また、親族の名前には共通点があって、名前から鳥たちの関係を知ることもできるかもしれないといいます。

この音、人が聴いてもちがいがわかりません。AのヒナとBのヒナの名前のちがいが聴き分けられないのです。それもそのはず、鳥の耳は人より感度がよく、**音の分析力は人の10倍以上**とか。人が聴き取れない音の高低の微妙な差や、音圧のちがいを聴き分けることができるのです。だから鳥にとっては、人がつけた名前の聴き取りなんて朝飯前なんですね。

とりのほんね

名前を覚えるのなんて朝飯前。野生のインコも親から名前をもらう。その名前で互いに呼び合うんだ

03 人の言葉をしゃべりたがるのはなんで？

耳にする音はすべてマネしたがる鳥でも、飼い主さんの言葉は特別です。飼い鳥にとって飼い主はともに暮らす仲間。仲間が出せる音なのに自分が出せないということは、仲間より自分が劣っているということ……。ですからがんばって練習します。

さらに、飼い主さんを単なる仲間ではなく愛するパートナーと思っている鳥にとっては、飼い主さんの言葉はマネしたい音のナンバー1。P.11で、オスはパートナーの鳴きマネをするとお伝えしました。つまり**飼い主さんを愛している鳥は、飼い主さんそっくりにしゃべりたい**ものなのです。

以上が鳥が飼い主さんの言葉をマネしたがる理由ですが、人のような声帯や唇をもたない鳥がどうやって人そっくりの声を出せるのかは完全には解明できていません。**インコは口を開けたまま「バ」「パ」「マ」などの発音ができるそうで、これは腹話術にも通じる**とか。

鳥は想像以上に器用な技を使って言葉を発しているのです。

とりのほんね

飼い主さんをパートナーだと思っている鳥は、飼い主さんの口癖を完コピしたい！

04 フルーツを選り好みします

２０１４年に発表された実験結果で、鳥が一番好きなのは赤い果実ということがわかりました。

実験では形や味の好みを排除するためリンゴや洋ナシ、バナナをつぶして丸めたモノを作成。それをそれぞれ赤、黒、黄、緑、青に着色して鳥たちに与えました。すると、すべての鳥がもっとも好んだのは赤色という結果に。次点が黒で、もっとも不人気だったのが緑色でした。まだ熟していない果実は緑色をしていることが多いので納得ですね。黒い果実が人気というのは意外かもしれませんが、これはブルーベリーのように濃い紫の果実のこと。ジャングルでは濃い紫に熟す果実も多いのです。

鳥に食べられることで生息場所を広げる植物（鳥が離れた場所にフンとして種子を散布する）の多くは赤や黒の果実をつけます。これは植物の戦略で、緑の葉との対比で遠目にも目立つ赤や黒の色を使って「熟しましたよ、食べごろですよ」と鳥にアピールしているのだという説があります。

とりのほんね

一番好きなのは赤いフルーツ！赤色はおいしく熟したというサインで、緑色は未熟でまずいというサインだよ

05 ベランダに出すと喜ぶのはなぜ？

動物にとって日光浴はホルモンバランスの調整やビタミンD生成に不可欠。人間も日光浴できない日が続くと心身に不調が現れますが、鳥の場合はさらにストレスが大きいかもしれません。なぜなら**鳥には紫外線が見える**からです。

人間の目には赤、青、緑を感知する3種類の視細胞があります。鳥にはさらに4種類目の視細胞があり、これが紫外線の感知をしています。人間が見ているフルカラー+αの世界を鳥は見ているのです。

いったいどんなふうに見えているかは私たち人間には永遠に知ることができませんが、紫外線写真などから想像することはできます。人の目には真っ白に見える花も紫外線写真では青紫色に光ったり、単色に見える花の中央部分が紫外線をはね返しツートーンになっていたりします。熟した果実がもつツヤも紫外線を反射し、鳥にはより目立って見えるといいます。**鳥は私たち以上に色彩豊かな世界に暮らしている**のですね。

とりのほんね

紫外線に当たらない日が続くとストレスが溜まっちゃう。目に見える景色も変わっちゃうしね

06 点目になるのはどんな気分のとき？

瞳孔がきゅっと小さくなるのは興奮の表れ。好奇心や興味で興奮していることもあれば、緊張や敵意の表れのときもあります。瞳孔が小さくなったり大きくなったりをくり返すのはフラッシュと呼ばれる現象。「怖い、でも興味もある」など葛藤しています。

とりのほんね

好奇心でワクワクのこともあれば敵意でムカムカのことも

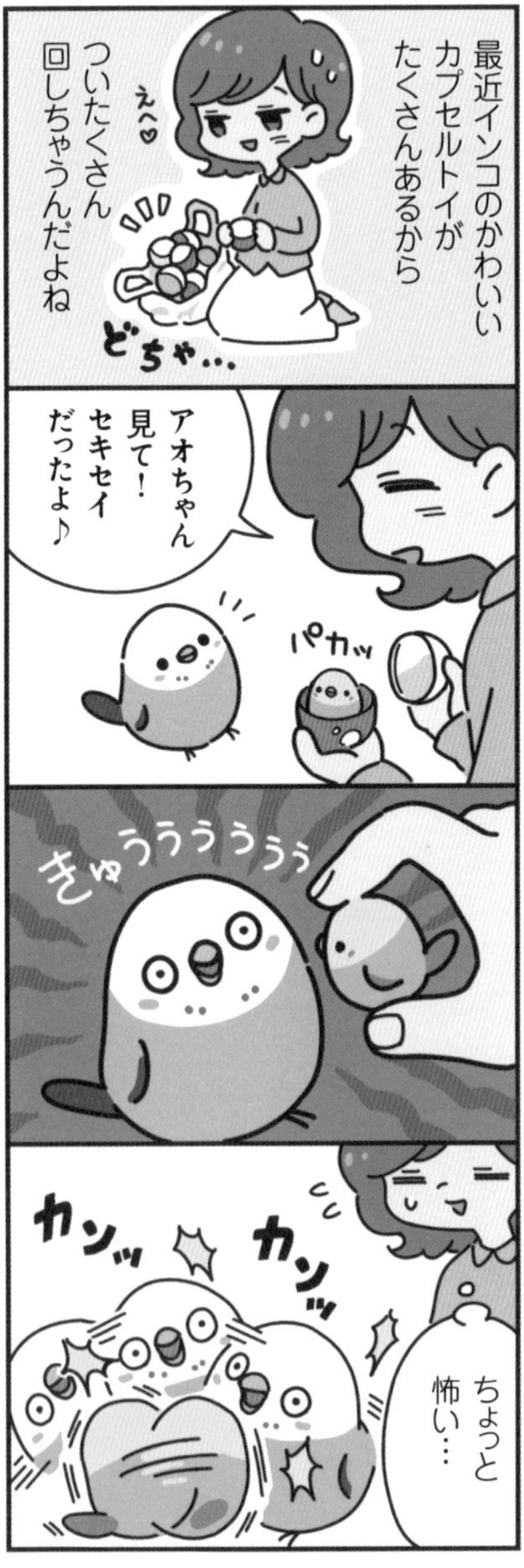

最近インコのかわいいカプセルトイがたくさんあるから
ついたくさん回しちゃうんだよね
えへ♡
どちゃ…
アオちゃん見て！セキセイだったよ♪
パカッ
きゅうううううぅ
カンッ
カンッ
ちょっと怖い…

07 冠羽が立つのはどんな気分のとき?

冠羽は気持ちが落ち着いているときは寝ていますが、興奮すると立ち上がります。好奇心で興奮のときもあれば恐怖のときもあります。**冠羽は意思とは関係なく勝手に動くため気持ちがバレバレ。**人が恐怖を感じたときに鳥肌が立つのと同じしくみです。

とりのほんね

冠羽は感情のバロメーター。興奮度合いを表すよ

08 決まった曲でノリノリに。鳥にも音楽の好みがある？

ニュージーランドで行われた実験で、**ヨウムにはそれぞれ音楽の好みがあるらしい**ことがわかりました。鳥が自分で音楽を選択できるタッチスクリーンをケージに入れておいたところ、ヨウムたちは1か月間に1400回以上曲を再生。その結果、1羽はイージーリスニング、もう1羽はアップテンポなポップを多く選んだのだそうです。また2羽ともロックやフォークでは興奮して踊り、クラシック音楽ではリラックスしているように見えたとか。ただ電子音によるエレクトロダンスミュージックは2羽とも嫌いだったようで恐怖の叫び声をあげたそう。実験に使われたヨウムは2羽と少ないのでサンプルとしては不十分ですが、なかなか興味深い結果です。

音楽の好みがあるということは、当然ながら音楽の聴き分けができているということ。**鳥は同じクラシックでもバッハとストラヴィンスキー、シェーンベルクを曲調で聴き分けることができる**そう（文鳥、スズメ、ハト）。鳥はすばらしい耳をもっているのですね。

とりのほんね

個体によって好きな音楽ジャンルがあるみたい。もちろん音楽を聴き分ける耳もすぐれているよ！

オレはフォーク
オレはロック

09 お昼寝をよくするけど夜ちゃんと眠れてないの？

睡眠中の鳥をよく見ると、片目を開けていることがあります。これは半球睡眠のあかし。**脳の半分だけが寝て、もう半分は起きているのです。**

　野生では被捕食者である鳥は、いつでも逃げられるようアンテナを張っておかなくてはなりません。熟睡は危険。よって脳を半分ずつ寝かせるという方法をとっているのです。右目は左脳、左目は右脳とつながっていますから、右目を開けているときは左脳が起きて右脳が寝ている状態。**翼の中にクチバシを入れて眠るときも、周囲の異変に気づきやすいよう、起きているほうの目を外側に向けているといわれます。**

　ちなみに止まり木につかまりながら寝ると脚が休ませられないのでは……と心配したことはありませんか？　鳥は体を低くすると脚の腱が引っ張られ趾《あしゆび》が自然と止まり木を握ります。寝ているあいだずっと脚に力を入れているわけではないのです。そもそも、長距離を休まず飛び続けるグンカンドリなどは飛びながら半球睡眠するそうですから、止まって寝るなど楽勝ですね。

とりのほんね

脳を半分ずつ休ませる「半球睡眠」だから、睡眠時間は多めに必要。だからお昼寝もよくするんだ

10 夜もしゃべってるけど あれは寝言？

一夜漬けで覚えた内容をすぐに忘れてしまうのは、記憶の定着には睡眠が必要だからといわれます。鳥も同じように**昼間に学んだことを睡眠中に定着させている**ようです。鳥が歌をさえずっているときに活性化する脳の部位があるのですが、お手本となる歌を聴いたあとのキンカチョウは、レム睡眠中にも昼間に歌っているときと同じ部位が同じように活性化しているのだそう。そして**睡眠をとったあとのキンカチョウは歌が上達している**のだそうです。

　人間も鳥も睡眠中は浅いレム睡眠と深いノンレム睡眠をくり返しています。人はレム睡眠時によく夢を見て、夢のなかでしゃべっている言葉が寝言として出てきます。鳥も、昼間に学習した歌や言葉を夢のなかで反芻し再現しているのでしょう。

　ちなみに**ノンレム睡眠をもつのは哺乳類と鳥類のみ**。ノンレム睡眠は新しいタイプの睡眠で、発達した脳を休ませるために必要な睡眠といわれます。ほかの種は古いタイプのレム睡眠だけで事足りるのです。

とりの ほんね

単なる寝言のこともあるけど昼間に新しく覚えた歌や言葉を夢のなかで再現しているのかも！

11 インコとオウムのちがいは何？

インコとオウムにはいくつかのちがいがありますが、わかりやすいのがオウムには冠羽があり、インコにはないこと。海外の鳥につけられる和名には規則がなく、オウムなのに和名がオカメインコやモモイロインコだったりと混乱しています。

とりのほんね

冠羽の有無がわかりやすいちがいだよ

12 しょっちゅうフンをするのはなぜ？

鳥は老廃物のアンモニアをクリーム状の尿酸として排泄します。人の尿のように多くの水分を必要としないのでそのぶん体を軽くできます。**オシッコを溜めておく膀胱はありません**し大腸も少し。消化できたらすぐさま排泄！　が鳥のスタイルなのです。

とりのほんね

飛ぶために少しでも体を軽くしてるんだ

13 鳥の歌は個体によってちがうの？

鳥カフェ
モフバード
MofuBird
Bird cafe & shop
WELCOME
OPEN
いろんな鳥に
ふれ合える
鳥好きには
楽園のようなお店
家に鳥がいても来たくなっちゃうんだよね
癒やされるわぁ～
姉・マイ
あら？ あの文鳥…うちの文鳥と歌がちがう
ヒョヒョ キュン
ぴょんっ
ヒョンヒョン キュキュ～ン
ぴょんっ
えっ そうなの？
うちのおもちさんは力強くて男らしい
あの子は繊細で紳士的…
ヒョヒョヒョ キュンキュン キュキューン ヒューン
ぴょんっ
ぴょんっ
おもち♂
まるで朝の草原を渡る風のような…
評論家？
ごくり…

同じ鳥種なのに個体によって歌がちがう。それは当然かもしれません。なぜなら、**鳥は父親の歌を継承する**からです。

父親の歌を学ぶのはヒナ時代。ヒナ時代はうまくさえずることなどできませんが、父親の歌をひたすら聴いて記憶に残します。このとき、父親はゆっくり何度も歌って聴かせるのだそう。人間の大人は赤ちゃんに話しかけるときゆっくりはっきり発音しますが、これは言葉を学ばせるため。鳥の親も同じことをしているのですね。

このように父親の歌を聴いて育ったヒナは、成長してから父親そっくりにさえずることがキンカチョウやジュウシマツで確認されています。父親のようなお手本がいないヒナは成長後も下手な歌しか歌えないそう。幼児教育が大事なのですね。

さらに、オーストラリアにいる鳴禽類《めいきんるい》（スズメ目スズメ亜目の鳥）では**まだ卵の中にいる時点から父親の歌を聴いて学んでいる**ことがわかったとか。鳥の親は胎教(?)までしているようです。

とりのほんね

鳥の歌は父親ゆずり！ヒナ時代に聴いた父親の歌を覚えて、そっくりに歌うようになるんだ

14 ヒナのぐぜりは歌の練習?

まだ話せない人間の赤ちゃんがバブバブと声を出すのと同じように、鳥のヒナもさえずりの練習をします。これを日本語では「ぐぜり」、英語では「Subsong《サブソング》」といいます。

ヒナの歌の練習はひたむきです。誰に強要されたわけでもないのに**1日に1000回以上発声練習をする**といいます。さらにキンカチョウのヒナの歌を24時間録音し分析したところ、**「三歩進んで二歩下がる」という進み方をしている**ことがわかりました。朝から練習を始め、だんだんとうまくなっていって、昼寝をはさんだら朝のレベルまで落ちてしまい、また練習して……ということをくり返しながら上達するそう。そうして70日齢くらいにようやく歌を完成させるのだそうです。かわいらしい歌は努力の賜物だったのですね。

ちなみにキンカチョウの**ヒナのぐぜりは個体によってちがいがある**とか。人間の赤ちゃんのバブバブという声（喃語《なんご》）も国や方言によって特徴が異なるそうですから、親の歌によってぐぜりも異なるのかもしれませんね。

とりのほんね

そのとおり。はじめはうまく歌えないけど数万回、数十万回も練習してじょじょに歌を上達させるんだ

15 トウガラシを食べられるのは辛さに強いから？

ピーちゃん
アオちゃん
今日のおやつはトウガラシだよ
ガサッ
えっ!?
そ、それ
あげていいの!?
辛くないの!?
辛くない
みたい
栄養満点
なんだって
ピーちゃんは
赤いところが
好きで
アオちゃんは
種が好き
食欲増進や免疫力アップ効果も
あるから
ペレットやミックスシードの中に
入っていることもあるんだよ
へ〜!!
トウガラシに
そんな効果が…
STOP!!!

トウガラシが辛いのはカプサイシンのせい。カプサイシンはトウガラシにのみ存在する成分です。人を含む哺乳類が食べると辛さを感じ、場合によっては粘膜が傷つきのどや胃が荒れてしまうこともありますが、**鳥はまったく平気。なぜなら鳥はカプサイシン受容体をもたないから。**そのためビタミン豊富なおやつとして与えることができます。

カプサイシンを生みだしたのはトウガラシの繁殖戦略という説があります。植物は動物に食べられて種子がフンとして排出されることにより、新たな場所で芽を出し繁殖場所を広げることができます。その際、地面を移動する哺乳類より空を飛ぶ鳥類に食べられたほうがより遠くまで運んでもらえます。さらに鳥類は種子を未消化のまま排出するので、植物にとっては都合がいい。そのため鳥は平気だけど哺乳類には避けられるカプサイシン成分を生み出したというのです。これが真実だとしたら、トウガラシもなかなかやるものですね。

とりのほんね

カプサイシン受容体をもたない鳥はトウガラシを食べても辛くない。これはトウガラシ側の繁殖戦略かも!?

16 歌をアレンジするのは楽しいから？

P.31で鳥は父親の歌を継承するとお伝えしました。では、同じ家系ではまったく同じ歌が受け継がれていくかというと、そういうわけではないようです。**鳴禽類は90%をそっくりマネするものの、あとの10%はオリジナルな節回しを加える**といわれています。オリジナル部分が入ることにより、同じ家系の歌でも差をつけるのだとか。ジュウシマツなどは父親の歌をそのまま覚えるのではなく、**まわりにいる複数のオスの歌を切り張りしてオリジナルソングを作る**のだそうです。「○○さんのAメロと▲▲さんのBメロを合体!」という感じですね。また、キンカチョウなどは幼鳥期に完成させた歌を一生変えずに同じ歌を歌い続けますが、セキセイやカナリアは毎年歌を変えていくそう。アレンジが得意な種とそうでない種がいるのでしょう。

言葉をしゃべるインコのアレンジでは、「オニーのパンツはとりちゅ~る~」のように、単語を途中で切らずにうまくつなげていることが多い気がします。単語をひとつのまとまりとして認識している証拠かもしれません。

とりのほんね

ほかのオスと差をつけるために歌をアレンジしてより魅力的なオリジナルソングを作っているんだ!

17 いっしょに歌おうとしたら怒られた。なぜ？

とりのほんね

真剣に歌を練習しているときは自分の声を聴きたいから邪魔しないでほしいんだ

基本的には「他者と同じ行動をとる」ことを好む鳥たちですが、真剣に歌を練習しているときは嫌がられるかもしれません。なぜなら**自分の歌を自分で聴きながら練習しているから**。鳥は、頭のなかにある「お手本の歌」と、自分が出した声を聴き比べながら練習しているのです。

その証拠に、聴覚を失った鳥はうまく歌うことができません。また実験で一時的にのどを麻痺させたキンカチョウは、自分の歌声を聴いて「なにかおかしい」という様子を見せたとか。ほかに、キンカチョウがさえずり始めると同時に人工的に変えた歌を流すと、そのうちにキンカチョウの歌が変化したという実験結果もあります。「練習しようとすると変な歌が流れるからわからなくなっちゃったよ！」という感じでしょうか。

ちなみに聴覚を失った鳥は低い声で鳴くようになるそうです。低い音は振動を体感しやすく、耳で聴こえない音を体で感じとる工夫なのだといいます。なんだかけなげですね。

18 ニギコロ、練習すればできるようになる？

ボタンインコやコザクラインコは野生では木の洞《うろ》でコロンと仰向けになるとか。またウロコインコなどコニュアと呼ばれる鳥たちも仰向けになるのが好きなので、こうした鳥種は比較的ニギコロしやすいでしょう。が、個体差もあるので無理は禁物です。

とりのほんね

超・無防備な姿勢だから苦手な鳥には強要しないで

19 聴かせる相手もいないのに歌うのは練習のため？

鳥は歌うと脳内麻薬のオピオイドが分泌されるそう。つまり、練習ではなく単に自分が気持ちよくなるために歌っている可能性もあると語る専門家がいます。人間でいえば、ひとりカラオケで悦に入ってストレス解消という感じでしょうか。

とりのほんね

ハイになるために歌ってる可能性も！

20 飛ばずに歩いて移動することが多くない？

飛行は多くのエネルギーを消費します。とくに飛び立つときには多大なエネルギーが必要。近距離なら飛ばずに歩いたほうがエネルギーの節約になります。鳥はたしかに飛べますが、飛ばずに済むならそうします。道端のハトも車を歩いてよけますよね。

とりのほんね

近距離なら飛ぶより歩くほうが楽だからね

21 ほかの鳥のケージをチェックするのはなぜ？

単なる好奇心かもしれませんが、もしかすると自分のケージと比べているのかも。カラスは自分のご褒美が仲間より少ないと納得しないそうです。公平・不公平の感覚が確認されているのは霊長類と犬と鳥のみ。えこひいきは禁物ですね。

とりのほんね

自分よりいい暮らしをしていないか確認している!?

22 キンカチョウのオスはメスよりクチバシが赤い？

鳥の体色で赤や黄色を作るのはカロテノイド。カロテノイドは食べ物から摂取する必要があります。フラミンゴがピンク色なのはエサからカロテノイドを摂取しているからです。だから生まれたときは灰色ですし、病気などで食生活が貧しくなると色が薄くなります。

キンカチョウのクチバシも同じで、健康なほどクチバシは赤くなります。とくに**オスにとってクチバシが赤いのは重要**。**なぜなら赤いほどモテる**からです。クチバシが赤い＝ボクは健康で採餌《さいじ》能力も高いというアピールになるのです。実際にキンカチョウのオスにカロテノイド豊富なエサを与えクチバシを赤くすると、メスにモテるようになるそう。それどころか**赤い足環をつけただけでモテ度がアップした**という実験結果も。キンカチョウのメスはとにかく赤色が好きなんですね。

ツバメのオスはのどの赤色が濃いほど早くパートナーを見つけますし、ミツユビカモメのオスはクチバシの黄色や口内の赤色が濃いほど繁殖成功率が高くなります。赤や黄色が濃いのは優秀なオスのあかしなのです。

とりのほんね

赤や黄の体色は濃ければ濃いほどイイ。「ボク、すてきでしょ？」というメスへのアピールポイントになるよ！

23 インコと外出したらなつかれた気がします

ハル？　外出中にごめん
ピーちゃん元気がないみたいで…
…うん
……うん、わかった
病院に連れて行くね
健康診断
たいしたことがなくて
よかったねピーちゃん
動物病院
もう大丈夫だぞ〜
…
じ…
後日
ん？
よじ…
ピ、ピーちゃん…
じ〜ん
ちょこん
なんだか最近ピーちゃんが
優しくなった気がする

ふだん、あまりなついていないインコやオウムがいっしょに外出したのを機になつくようになることは実際にあります。慣れない環境で**「頼りになるのはこの人しかいない」という心理になる**ためです。この心理を利用し、鳥連れのオフ会を開いたりお散歩に連れて行ってなつかせる方法があります。アメリカでは遠隔操作でわざと危機的状況を作って鳥を救うというなつかせ方もあるのだとか。

インコやオウムは好き・嫌いがはっきりしていて好きな相手も順位が決まっていたりします。しかし**特定の人だけになついてほかの人にはなつかない「オンリーワン」状態は多くのデメリットがあります。**オンリーワンの人が何らかの事情で不在にせざるをえなくなったときに意気消沈してごはんも食べなくなったり、ほかの人に威嚇してお世話すらままならなかったり……。もしオンリーワン状態にあるなら早急に解消すべきです。外出でなつかせる方法のほか、おやつをあげるなどの「いい役」をなつかれていない人が担当するなどの方法もあります。

とりのほんね

いつもとちがう慣れない環境では頼りになるのはあなただけ！人を見る目が変わるんだ

24 全身黄色のルチノーは なぜメスが多いの？

鳥カフェ店員・ハヤト
ハルさん！いらっしゃいませ
また来ちゃいました
鳥カフェis癒しの楽園
ルチノーオカメちゃんだ
かきかき大好きです♪
レモンちゃんです
レモンちゃんは男の子？
わ～ヒヨコみたい
いえ女の子です
ルチノーはほとんどが女の子なんですよ
ええっそうなの!?

鳥の性染色体はオスがZZ、メスがZW。ルチノー遺伝子（Lu）はZに乗っていますが、Zが1つのメスはLuが1つあればルチノーになるのに対し、Zが2つのオスはLuも2つないとルチノーになりません（劣性遺伝）。そのためルチノーのオスは少ないのです。

ところで、**母鳥は息子と娘を産み分けられる**という説があります。哺乳類では卵細胞はXのみで、Xの精子を受精すればメス（XX）、Yの精子を受精すればオス（XY）になります。しかし鳥の場合は逆で、Zの卵子とWの卵子があり精子はZのみ。つまりどちらの卵子を用意するかを母鳥が決められるというのです。そうして**優秀なオスとつがいになったメスは息子を多く生む**傾向があるそう。モテるオスの息子はやはりモテる確率が高く、あちこちのメスと子どもを成して多くの子孫を残すことができるからです。というとまるでメスの父親はみんなモテなかったみたいですが、実際はもっと複雑。食糧豊富ななわばりでは親元に留まり自分を助ける娘を多く生む種などもいて、さまざまな要素が絡んでいます。

とりのほんね

メスはルチノー遺伝子が1つあればルチノーになるけど、オスは2つないとルチノーにならないから少ないの

25 右半分がメス、左半分がオスの鳥がいるってホント？

ショウくん見て！体の半分がオスでもう半分がメスのニワトリだって
本当だ 生き物の神秘だね
おお…
きれいに半分！
つまり人間だとこんな感じ…
ぞぞ…
待ってなんで自分たちで想像したの

とりのほんね

体の左右で性が異なる「雌雄モザイク」の鳥は1万匹に1羽の割合で生まれるといわれるよ

体の左右で性が異なる「雌雄モザイク」の鳥はニワトリやキンカチョウ、オウム、ハトなどで確認されています。オス・メスで羽色に差がある種はわかりやすいのですが、羽色に差がない種では気づかれないことがほとんどでしょう。

前ページで述べたように、卵子はふつうZかWどちらかの性染色体をもちますが、雌雄モザイクの場合は何らかの原因でZとW2つの性染色体をもった卵子ができ、それが2つの精子と同時に受精すると生まれるといいます。受精卵の時点でオス・メスが半々で、その後は順調に細胞分裂していき、左右できれいに性が分かれた体ができるというわけ。

ちなみに鳥の卵巣は誕生時は両側にあるものの発生の途中で右側は退化し、機能するのは左側だけです。理由は飛行のための軽量化ともいわれていますが、はっきりとはわかっていません。雌雄モザイクの鳥も、左側がメスの場合は卵巣があり卵を産めるかもしれませんね。

26 鳥はお互いの性別をどうやって見分けてるの？

カワイイ
カラスのカップルかな
カラスってどうやってオスとメスを見分けるんだろうね
みんなまっ黒…
セキセイだって鼻の色がちがうだけだしねぇ…鳴き声とか？
カァ
マァ
ガァ
カァ
…なるほど
わかるの？
わからん
わからんのかーい

オス・メスで羽色などの見た目に差がある種を「性的二形《せいてきにけい》」、差がない種を「雌雄同形《しゆうどうけい》」といい、図鑑などにもそう記されます。しかしこの雌雄同形、人から見た場合に同形なだけだったのです。じつは紫外線を当てて調べてみた結果、雌雄同形の鳥でもほとんどが**オス・メスで紫外線反射率が異なる**ことがわかっています。つまり人には同じに見えても、紫外線が見える鳥にとってはオス・メスの区別は一目瞭然。例えばハシブトガラスは、紫外線を感知するカメラを通すと全身が紫色に光って見えます。オカメインコの場合、目のまわりとクチバシ、翼の一部が紫外線を反射します。人の目には黒一色にしか見えない九官鳥の羽色も紫外線カメラを通すと、のど、翼、胴が異なる色調をもちます。

　いずれも**紫外線反射率が高く色鮮やかなのはオス**。紫外線反射率は羽毛の微細構造によって決まりますが、不健康だとこの微細構造がきれいに作れません。つまり**紫外線をよく反射する**ことはオスの健康状態を表し、メスへのアピールになっているのです。

とりのほんね

人間にはオス・メス同じ見た目に見えても、鳥にはちがって見える。オスは紫外線をよく反射するんだ！

27 オスがすごく派手な種とそうでない種がいるのは？

クジャクはオスが派手でメスは地味な羽色をしています。いっぽう、セキセイやオカメインコ、文鳥などは雌雄で羽色が大きく変わりません。この差はいったいどこから来るのでしょう。じつは**オスが著しく派手な種は一夫多妻制**。多くのメスを惹きつけるために、ここまで派手になったのです。いっぽうの**インコや文鳥は一夫一妻制**。**1羽のパートナーを見つければいいだけなので、そこまで派手になる必要はありません**。

　鳥類の90％以上は一夫一妻制で、夫婦が協力して子育てをします。対して一夫多妻制のクジャクはメスのワンオペ育児。夫婦が協力して子育てを行う鳥がパートナーに求めるのは、外見の美しさよりエサを獲得できる体力や知力。だからインコや文鳥は求愛において、見た目よりも歌やダンスに力を入れているのでしょう。

　ちなみにクジャクは「ケオーン」「カー」と5回以上鳴けるオスがモテるそう。つまり鳴き声でもアピールしているといえ、メス獲得競争のし烈さがうかがえます。

とりのほんね

一夫多妻制の種はたくさんのメスを惹きつけるためにド派手な見た目に。でもイクメンじゃないんだよ？

キホンのキ 1

の動きから気持ちを読みとりましょう!

カキカキされて目を細める

気持ちいいなあ

気持ちよくてうっとりと目を細めた状態。動物は安心できる状況でないと目を細めません。脱力してクチバシが半開きになる鳥もいます。

クチバシを開いている

暑い!

鳥は人間のように汗をかいて体温を下げることができません。**暑いときは口を開いて呼吸**することで気道から熱を逃がそうとします。呼吸器疾患など具合の悪いときも同じしぐさをします。

まばたきする

ドキドキ…

人間も緊張するとまばたきが増えますが、鳥も同じ。**緊張やストレスを感じた**鳥はパチパチと速いまばたきをくり返します。いっぽう、ゆっくりとしたまばたきはリラックスや満足の表れです。

知りたい!

鳥のほんねの

鳥のほんねは顔に表れます。目やクチバシ

モノをかじる
確認中!

鳥のクチバシは人間の手といっしょ。子どもが何でもさわってみるのと同じで、**鳥はクチバシでいろんなモノをかじって調べます**。クチバシは触覚がすぐれていて質感や温度もわかります。

クチバシを
細かく動かして
ギョリギョリいう
ギョリ
ギョリ
眠くなってきた…

インコやオウムは寝る前、下クチバシの先を上クチバシの裏に当てて研ぎます。**眠る前にクチバシのお手入れをする**のが習慣なのです。

エサを吐く
愛してる!

オスは意中のメスにエサの吐き戻しを与える「求愛給餌」の習慣があります。**首を上下にふって吐くのは求愛給餌のしぐさ**。鏡の中の自分や自分の脚にも求愛の吐き戻しをすることがあります。ただし顔を左右にふって吐くのは病気の嘔吐です。

クチバシを開いてこちらに向ける

こっちへ来るな！

威嚇のサインです。無視して近づくと噛みつかれます。鳴いて翼をばたつかせながら威嚇することもありますし、無言でクチバシだけで威嚇することも。

口を開けて舌を出す

ごはんちょうだい！

ヒナが親鳥にエサをねだるように、**食べ物を求めて甘えている**しぐさ。また、口を半開きにして舌を出し入れするのは状況に満足しているときに見られます。

頭の羽毛がふくらむ

怒ったぞ！

冠羽のある鳥は興奮すると冠羽が立ちますが、冠羽のない鳥も**興奮すると頭部の羽毛がボワッとふくらみます**。顔の一部に羽毛のないコンゴウインコは、興奮すると顔が赤くなり、まさに「頭に血が上った」状態になります。

こちらに向かって頭を下げる

カキカキして

頭は自分で羽づくろいできない部分。その頭を差し出してくるのは、**羽づくろいしてほしい**というお願いです。人の手に頭をスリ〜とこすりつけてくる鳥もいます。

2章

困ったちゃんの そのワケは

28 ケージの扉を自分で開けちゃうのはなんで？

ケージの掃除完了～
ピカピカ！
さて仕事仕事…
あれ!? アオちゃん!?
出てる!?
!?
また自分で出てきちゃったのね…
しめしめ…
ぬるんっ
留め金かけ忘れてた
放鳥はまたあとでね
やーん
気をつけよう…

モテないオスも賢さをアピールすることでモテるようになることが実験でわかりました。セキセイのオス2羽とメス1羽を同じ空間に入れ、メスが長い時間そばにいたオスをモテるオスと判定。その後、モテなかったほうのオスだけに「食べ物が入った容器を開ける」訓練を行います。訓練はシャーレ容器を開けるという簡単なものと、上のフタを取り手前の扉を開けたあと中の引き出しを引っぱる……というけっこう複雑なもの。そうしてオスが容器を開けるところをメスに見せると、メスにモテるようになったのです！

ちなみにモテなかったオスは容器内の食べ物をメスに与えたわけではなく、開けるところを見せただけ。つまりメスは食べ物に釣られたわけではなく、**オスの問題解決能力を評価した**のだと考えられます。

インコはオス・メスが共同で子育てを行います。オスがポンコツでは子育てが成功しません。採餌能力はもちろん、さまざまな問題解決能力が要求されるため、賢さは必須。その結果、インコはその知能を発達させていったのでしょう。

とりのほんね

自力で扉を開けられるかどうか試してるんだ。扉を開けられるのは賢さの証明になるからね

29 ピアスをしていると引っぱって取ろうとします

ただいま～
結婚式
楽しかった～
おかえり～
ピーちゃん
お出迎え？
パタタ…
はっ
しま
…っっ
あわわ…
ぐいぐい
イテテ
しまった…
ピアス取るの
忘れてた…
ピーちゃん
やめて～～

とりのほんね

鳥用のおもちゃが飼い主さんの耳からぶら下がってるようにしか見えない！キラキラ光ってキレイなんだ

耳からぶら下がるピアスは鳥さんにとって格好のおもちゃ。興味をそそられて当然です。宝石のなかには紫外線を受けて輝くものもありますから、室内で見かけることの少ない輝きに引き寄せられるのかもしれません。

ところで、飼い主さんの肩や頭に乗る習慣があると「自分のほうがエライ」と勘違いしてしまう鳥がいます。野生では鳥は上空から襲われやすく、逃げ場のない地べたより高い木の上のほうが安心。群れのなかでは上位の個体ほど高い位置に止まる習性があるため、飼い主さんと同じ目線やそれ以上にいると「自分のほうが上」という心理になってしまうことがあるのです。いばりん坊になってしまった鳥は、ケージの置き場所も人の目線より低くしたほうがよいといわれます。

また「肩の上は自分のなわばり」という意識になると、同じなわばりにいる「飼い主の顔」を邪魔に思って攻撃することも。このような問題を避けるため、いばりん坊の鳥や大型の鳥は肩や頭ではなく手の上に乗せるようにしましょう。

30 鼻の穴にクチバシをつっこんでくるのはどうして？

小さな穴だったら食べられる虫がいるかもしれないし、大きな穴だったらねぐらにできるかもしれない。そんな好奇心で調べているのでしょう。とかく野生の鳥にとって穴というのは有用なのです。人の耳の穴を気になって調べるインコもいます。

とりのほんね

中に何が入ってるの？興味津々！

31 爪の横のささくれをむく。痛いんだけど…

人の爪も鳥のクチバシの外側もケラチンでできています。つまり質が似ているので、鳥はクチバシにキスするつもりでつついてくるのかも。そしてささくれをむくのは羽づくろいをしているつもり……？　鳥の愛、怒らずに受け止めてあげましょう。

とりのほんね

羽根をつくろってあげてるつもりなんだけど？

32 壁紙はがしに夢中です

野生では鳥は樹皮を食べたり、その下の虫を探したり、巣材に使うためにはがします。樹皮のような壁紙を見てそうした本能が刺激されたのかも。クチバシと舌を使った細かい作業ですが、そうした作業をしたいという欲求も鳥にはあるのです。

とりのほんね

樹皮に似た壁紙を見てはがしたい欲求がむくむく

33 子どもには強気で威嚇。なぜ？

P.63で伝えた「上にいるほうがエライ」という心理で、背の低い子どもは「自分より下」と見なすことがあります。こういう場合は飼い主さんがしゃがんで、子どもと同じ目線になって鳥を手渡すと、鳥が威嚇や攻撃をすることが少なくなります。

とりのほんね

低い位置にいるからボクのほうがエライんだ！

34 文鳥がキュルキュルいうのは威嚇してるの?

危険を察知したときの「警戒鳴き」は、日常的な鳴き声とははっきりと異なります。仲間に危険を告げる警報の役割があるためです。

文鳥はほかに「ゲゲッ」という警戒鳴きもしますが、どのように使い分けているのでしょう。

最近になってシジュウカラは天敵の種類によって警戒鳴きの声を変えることが確認されました。ヘビを見つけると「ジャージャー」、カラスを見つけると「チカチカ」と鳴くことがわかったのです。実験で、森の中のシジュウカラにスピーカーでいろいろな鳴き声を聴かせながら小枝を動かすと、「ジャージャー」を流したときにだけ小枝に注目しました。「ヘビだ！」という声に反応して確認したのでしょう。

また「ピーツピ」は「警戒しろ」、「ヂヂヂヂ」は「集まれ」という意味だということもわかりました。「ピーツピ、ヂヂヂヂ」は「警戒しながら集まれ」で、仲間を集めて天敵を追い払うときに使うとか。鳥語がじょじょに解明されているのですね。飼い鳥の鳴き声の意味も今後はもっとわかってくるかもしれません。

とりのほんね

いわゆる警戒鳴きのひとつで、相手を遠ざけようと威嚇しているよ。いうこと聞かないと攻撃するからね！

35 鳥もやつあたりするの？

期待していたものが得られなかった、ほかの鳥と比べて不公平さを感じた、単にイライラが溜まった……。そんなときに鳥はやつあたりします。

ハトの実験でこんなものがあります。キイをつつくとエサが出てくる仕掛けを用意し、仕組みをハトに覚えさせます。おなかの空いたハトは当然キイをつつきますが、エサが出てくるまで3分待たせるのがこの実験のいじわるなところ。当然、待たされるハトはイライラしてきます。このとき、別のハトを動けないように固定してそばに置いておくと（気の毒！）、**イライラが溜まったハトはそばにいるハトをつつく**のです。また、ハトの代わりに鏡を入れておくと**鏡のなかの自分もつつく**ことがわかっています。

鳥は換羽中や発情期はイライラが溜まりやすく怒りっぽくなります。また、インコやオウムには成長途中に反抗期もあり、その時期は理由もなく噛んできたり触られるのを拒否したりします。いずれも時期が過ぎれば収まるので大らかな気持ちで見守ってあげましょう。

とりのほんね

イライラすると関係ない相手を威嚇したり攻撃したりすることがある。鏡のなかの自分を攻撃することも…

36 鏡に向かって吐き戻しするのはどういう理由？

鳥は鏡に映っているのが自分だと認識できず、ほかの鳥だと思っています。しかもその鳥は自分と同じタイミングで動く息ぴったりの相手。恋をして求愛の吐き戻しをするのも無理はありません。放鳥するやいなや鏡へ向かい、求愛ダンスを披露する鳥もいます。ペパーバーグ博士の鳥・ヨウムのアレックスは賢いことで有名ですが、そのアレックスでさえ鏡の中の自分を認識できませんでした（その代わり、そばにいた人に「What's《ホワッツ》 that?《ザット》」と尋ねたそうです）。

鏡に映った自分を自分と認識できるのは「鏡《きょう》像《ぞう》認《にん》知《ち》」といい、知能の高さを量る目安のひとつ。動物ではチンパンジーやゾウが鏡像認知できることがわかっており、鳥はそこまでの知能はない……と思われていたのですが、最近になって**カササギは鏡像認知できる**ことがドイツの実験でわかりました。カササギの首にシールをつけて鏡を見せると、自分についたシールをクチバシや脚で取ろうとするそう。またハトも訓練すれば鏡を見て胸の印を取ろうとするという実験結果もあり、今後の研究が期待されます。

とりの
ほんね

鏡に映った自分をほかの鳥と思って求愛の吐き戻しをするんだ。息ぴったりの理想の相手だからね！

37 コザクラインコが破いた紙を羽根に差すのはなぜ？

友人・マリ宅
おじゃまします〜
どうぞ〜
あっ
おお〜これが噂の！
初めて見た!!
パシャ パシャ
わーん またやられた…
コザクラインコ スイカ♀
昨日はカレンダー…
ぼろ…
5月
パシャ パシャ
お〜 これはお見事

俗にコザクラシュレッダーと呼ばれるこの行為は営巣の本能によるもの。野生のコザクラは樹皮をむいて巣材にします。むいた樹皮をいくつも背中に差すことで一度にたくさん運べますし、フリーになったクチバシではエサをくわえることもできます。ペットのコザクラは飛んでいるときに紙を落としてしまうことが多いようですが、樹皮は羽根にうまく引っ掛かって運べるのでしょう。

この習性はコザクラに遺伝的にプログラムされたもののようです。近縁のルリゴシボタンインコはふつうにクチバシで樹皮をくわえて運びますが、コザクラとルリゴシボタンを掛け合わせた亜種は、ちょうど2種の中間のような行動を見せるそう。細長く切った紙を羽根に差そうとしてうまくいかず、何度も引き抜いて差し直し、最終的にはクチバシで運ぶそうです。ちなみにルリゴシボタンはコザクラより紙を長く切るのですが、亜種はそれよりは短くコザクラよりは長い、やはり中間くらいの長さに紙を切るそう。遺伝の強さを感じますね。

とりのほんね

野生では樹皮をむいて羽根に差して巣に運ぶ。その習性が本能的に出るんだ。発情行動だからメスは注意して

38 コザクラの鳴き声で耳がキーン…

コザクラは体の割には大きくて甲高い声を出しますが、耳元で鳴かれるとなおさらですね。ちなみに大型のコンゴウインコの鳴き声は106dB《デシベル》という記録が。これは車のクラクション並みで聴覚に異常をきたすレベル。くれぐれも耳元で鳴かれないように注意を。

とりのほんね

ハッキリと自己主張する性分なの！

39 オカメインコから出る白い粉ってなんなの？

セキセイや文鳥は尾羽のつけ根にある尾脂腺《びしせん》の脂を全身に広げて羽毛をケアします。尾脂腺が発達していない鳥では代わりに綿羽（ダウン）の一部が壊れて粉状になり、それを汚れの除去や防水に役立てます。ドライシャンプーのようなものですね。

とりのほんね

脂粉《しふん》といって綿羽《めんう》が崩れたもの。清潔を保つのに必要なんだ！

40「こっち来て！」の呼び鳴きが激しい…

ケージから出たい、大好きな飼い主さんのそばにいたいという思いから出てしまう呼び鳴き。これは飼い主さんが「声が聴こえる距離にいる」ことがわかったうえでの行動です。外出してしまえば鳴き止むことがほとんど。不安なら見守りカメラなどで確かめてみましょう。

室内にいるときの対策はとにかく呼ばれても行かないこと。「静かにして」など声をかけることも鳥にとっては「反応してくれた」というご褒美になりますから無視が一番です。それでも鳴き止まないときは大声を出したら人が消えることを覚えさせます。別室に消えて15分もすればさすがに疲れて鳴き止むでしょう。静かになってから5分したら姿を現し、かわいがったりおやつをあげたりします。これをくり返せば「鳴くと嫌なことが起こる」「静かにしていればいいことが起こる」と覚えてくれるでしょう。

人の言葉を話せる鳥には、たくさん言葉を覚えさせるのもよい手。人の言葉を話すことに集中し呼び鳴きが少なくなります。

とりのほんね

飼い主さんを愛するがゆえの行動。だけど呼び鳴きに反応しているとますます呼び鳴きするようになっちゃう

41 食欲ないのに食べてるフリ。病院に行きたくないから？

野生では弱った鳥は敵に目をつけられ、群れの仲間からも距離を置かれます。弱った鳥がいると群れ全体のリスクを高めますし、病気が感染するかもしれないからです。仲間外れにされたくないという気分で、必死で具合の悪さを隠すのでしょう。

とりのほんね

具合が悪いのを知られたら仲間外れにされるかも…

42 掃除機をかけるとうるさく鳴き始めます

熱帯雨林の鳥たちは、スコールが来ると視界が悪くなるため鳴き合って互いの存在を確認するといわれます。また乾燥地帯にすむオカメインコなどにとって雨は新たな植物（食糧）を育む恵みの雨。「雨のそばに移動しなきゃ！」という思いで騒ぐのかも。

とりのほんね

大雨が降ってきたのかと思っちゃう

43 女性には甘えん坊なのに男性には塩対応な理由は？

鳥カフェ
タイハクオウムのハカセくんです
こんにちわぁ
お～
こんにちは
…こんちわ
ハカセくんッ ハカセッ
アーーーッッ わぁあああッ
わっさ わっさ
こっんにっちわぁッ
かわいー
女性が好き
ハカセお前 わかりやすすぎるぞ…
ナイスフォローだレモンちゃん

女性にはすぐなつくインコ、なぜか金髪の男性の手には初対面でもすぐ乗るヨウムなど、鳥は人間の性別のちがいを見分けているようです。２０１０年、ハシブトガラスは人間の顔写真だけで性別を見分けられることが発表されました。実験で使われたのは帽子で髪を上げた顔のみの写真。髪型で判断できないようにです。４羽中３羽が100％正解したといいますからたいしたものです。さらに目や口などを部分的に隠しても間違いは少なかったことから、顔の輪郭やパーツの配置などから総合的に男女を判別していると推測されます。顔写真だけでもこの正解率ですから、髪型や服装、声などほかの判別材料もある実物ならほぼ間違えないのでしょう。そして過去に女性に優しくしてもらった、男性にひどい目に遭わされたなどの経験があると、女性好きや男性嫌いの鳥になると考えられます。

　ある店の看板鳥であるオウムは、日本人と見れば「コンニチハ」、外国人と見れば「Hallo《ハロー》」と挨拶するそう。外見から見分けているのでしょうか……。すごい観察眼と機転ですね。

とりのほんね

女性に優しくしてもらったなどの経験から「女性は優しいにちがいない」と推測。当然、男女の見分けはできるよ

ぽわん..
おいで～抱っこしてあげる

鳥に関する新発見続出! のわけ

近年、鳥の研究はめざましい進歩を遂げています。その理由のひとつは、鳥の研究が人の役に立つから。以前は研究動物といえば人と同じ哺乳類であるラットであることが多かったのですが、夜行性であるラットはフルカラーの視覚をもたないなど、研究結果が人へ応用できないこともしばしば。いっぽう昼行性の鳥はフルカラーの視覚をもっています。人と鳥は進化の系統も体のつくりも大きくちがうのに、ふしぎと多くの共通点をもっているのです。

歌や言葉を覚えるのもそのひとつ。鳥が歌や言葉を覚えるしくみを解明することは、人の言語獲得能力の解明につながり、ひいては失語症などの治療に役立つことが期待されています。天才科学者ダーウィンは鳥の歌を「言語に一番近い」と語りましたが、まさにそのとおり。鳥の研究はこれからも進歩を続け、私たちを驚かせる事実がつぎつぎと発見されていくことでしょう。

3章

かわいいにもほどがある

44 鳥が首をかしげるのはふしぎだなと思ってるの？

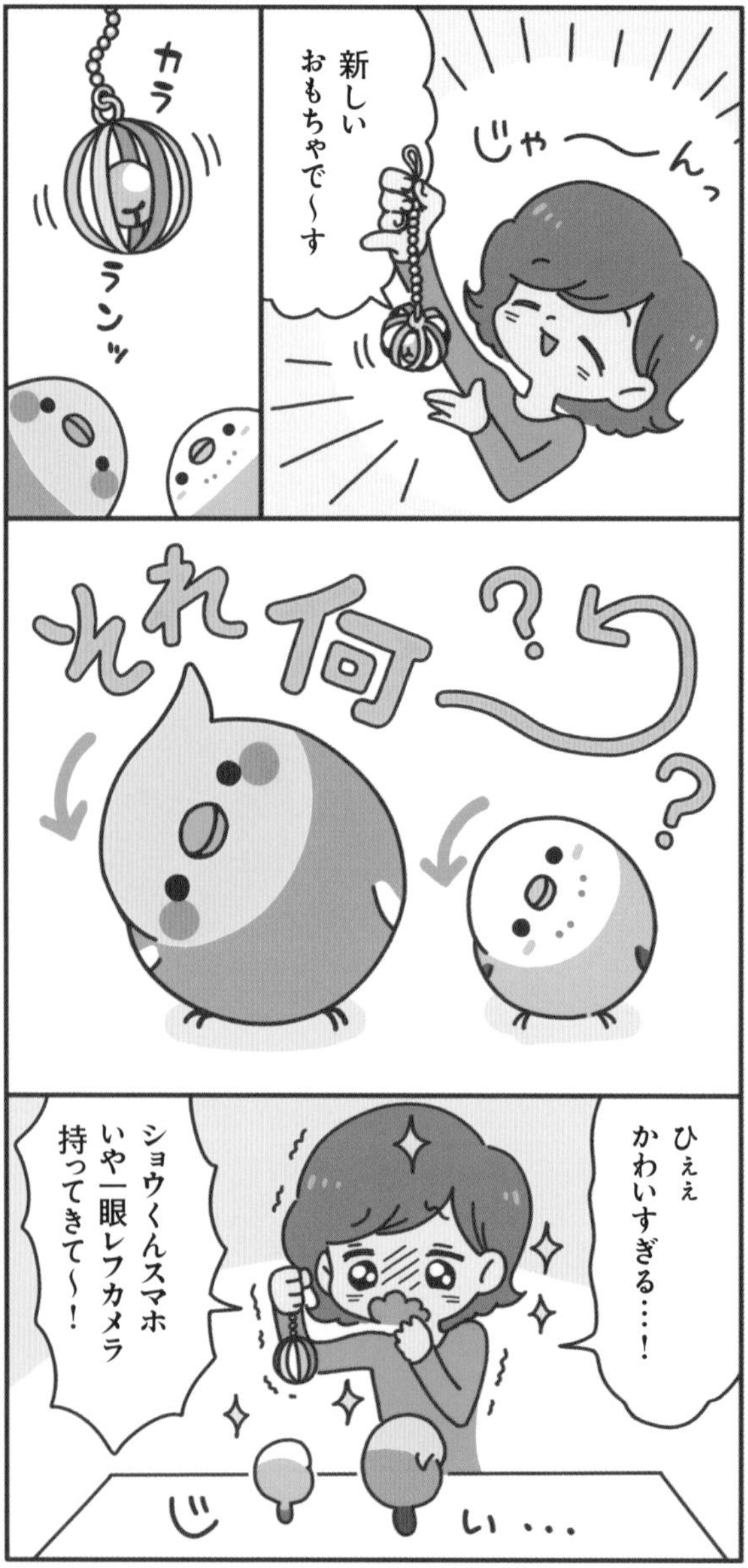

人は顔の正面に目がありますが、フクロウなど一部を除く鳥は顔の側面に目があります。ですから何かをよく見たいと思ったとき、首をかしげて片目を近づけます。顔を傾けることで見える角度が変わったり、両耳の角度が変わることで音源を特定できることもあります。

　このとき、**対象物に近づけるのは利き目**。優先的に使っている側の目を近づけるのは当然ですね。利き目と利き手は連動していることが多く、人間では利き目・利き手が両方右という人が70％以上だそう。いっぽう**オウムでは利き目も利き手**（優先的に使う脚）**も左の個体が多い**ことがオーストラリアの研究でわかりました。16種約320羽を調べたところ、47％が左利き、33％が右利きで残りは両利きだったとか。このようにどちらか片方を優先的に使うことを側性《そくせい》といい、脳を効率的に使うのに役立つといいます。

　ちなみに**セキセイインコは右側通行で飛ぶため互いに正面衝突しない**そう。これも側性のひとつといえるでしょう。互いにどちらか片方に避ければぶつかりませんもんね。

とりのほんね

片側の目と耳を近づけることで対象物を探ろうとしている。近づけるのは利き目のほうだよ

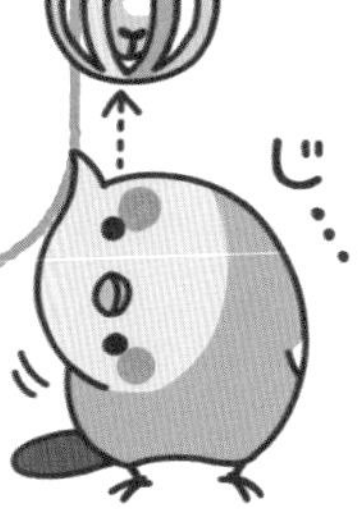

45 鳥ってリズム感いいよね？

美しい歌声をもつなど音楽方面に長けている鳥は、やはりリズム感もいいことがわかりました。音とともに一定のテンポで点滅するLEDをつつくという実験で、**セキセイインコは正確にテンポに合わせることができる**そう。実験での最速テンポは0.45ミリ秒（1秒に2回強／ハウスやテクノなどに使われるテンポ）だったそうで、だいぶ速いテンポにもノレることがわかりました。

リズミカルに踊る動物は鳥以外に人間、サルなどがいますが、**自分の好きなリズムで動くのと、外から与えられたリズムに合わせられる能力は別。**サルで同じ実験をすると、光や音に急いで反応しているだけで、対する鳥は「リズムを予測して合わせる」ことができているのだそう。

オーストラリアにいるヤシオウムは求愛の際、石や棒を握って木の枝に打ちつけることが知られています。リズミカルに打ちつけながら冠羽を立て、興奮して金切り声を上げるとか……。まるでロックスターですね。

とりのほんね

リズム音痴じゃ異性にモテない。鳥以外には、与えられたリズムに合わせられる動物はほとんどいないんだよ

46 文鳥が指の動きに合わせて踊るのはなぜ？

求愛の際、文鳥のオスは歌いながら踊りますが、メスもOKの場合は体を上下に揺するなどして踊ります。**息の合ったダンス・デュエットはペア成立に欠かせないそう。**息ぴったりのダンスを踊れる相手とは、たしかに素敵な恋ができそうですよね。

とりのほんね

ダンスに誘われたからノッたんだよ

47 歌に合いの手を入れられるのはなぜ?

キンカチョウは脳の聴覚野に音と音のあいだにある「間」に反応する細胞があることが最近の研究でわかりました。間の取り方が変ではせっかく歌がうまくても台無しですもんね。「合いの手」は間の取り方を心得ている鳥ならではの技なのです。

とりのほんね

歌の「間」ももちろんわかってるってこと!

48 美しい青い羽根。でも濡れると色が変わっちゃう

ポカ
ポカ
水浴び気持ちいいいね～
パシャ
パシャ
ピーちゃんは濡れてもふつうなのに
どよん…
アオちゃんは泥水をかぶったみたいな色になるのはなぜ…?
乾けば元通りなのにね
ふかふか
ピカー
青色は水に溶けちゃうの? アオちゃん
ふしぎ～
?
じっ…

とりの
ほんね

青く見えるのは青色の光を反射する微細構造が羽根の表面にあるから。じつは灰色が本来の羽根の色なんだ

青い羽根には、じつは青い色素がありません。シャボン玉やCDが虹色に輝くのと同じで、**羽根表面のケラチン層にある微細な凹凸などの構造が青色の光だけを反射することによって青く見えているのです。**こうした色素によらない色は「構造色」と呼ばれます。濡れると微細構造が水で埋まり、青色が反射できなくなって本来の羽根の色が現れます。いっぽう黄色の羽根には黄色の色素があるため、水に濡れても黄色のままです。

じつは青色というのは動物が作り出しにくい色。青の色素を得る方法はゼロに等しいのです。

そこで色素を得るのではなく表面の構造を変化させることによって生物は青色を獲得しました。**クジャクの青色も、モルフォチョウの青色も、そしてルリスズメダイのような熱帯魚の青色も、この構造色によるもの。**また緑色は、黄色の色素と構造色の青色が組み合わさってできる色。つまり緑色も構造色によって生まれる色といえます。羽根の構造を変化させてまで美しい青や緑を得ることは、それだけ大きなメリットがあったのでしょうね。

49 オカメインコにはなぜチークパッチがあるの？

ピーちゃんはりっぱな冠羽に頬紅まで塗ってハイカラさんだな～
ショウくんそれ…じつは耳なの
ええっどゆこと
えっとね…
ほらここ！チークパッチの下
本当だ！けっこう大きい耳の穴なんだね

鳥の耳は人間の耳たぶのような出っぱり部分がなく、穴しかありません。出っぱりがあると飛ぶときに空気抵抗が大きく邪魔だからです。その耳の穴も羽毛で覆われているためふだんは見えません。耳を覆う羽毛は耳羽《じう》といい、ふつうの羽毛にはある小羽枝《しょうし》（中央の羽軸《うじく》から伸びる羽枝からさらに伸びる小枝部分）がありません。そのためツヤがあるのが特徴で、ツヤがあるために耳の上を風がスムーズに通り過ぎ、音をよく聴き取るのに役立つといわれます。

この耳羽、種によってはほかの羽毛と色が異なっています。オカメインコはオレンジのチークパッチ部分が耳羽ですし、スズメは頬の黒丸部分が耳羽。耳羽は普通の羽毛とは構造が少しちがうので、ついでに色も変えておけば種の見分けや異性へのアピールに役立つ……のかもしれません。

ちなみに人間は老化などで難聴になりますが、これは内耳《ないじ》で音を感知する有毛《ゆうもう》細胞に限りがあり、それが失われていくため。しかし**鳥は有毛細胞が再生するため難聴にならな**いといわれています。

とりのほんね

耳を覆う羽毛はほかと構造が少しちがうから、ついでに色も変えちゃった!? 少しでも目立つほうが役に立つ…のかも

50 セキセイの耳はなぜチークパッチの下じゃないの？

オカメインコは耳羽がチークパッチになっていますが、セキセイの耳羽はまわりの色と同じで、チークパッチを兼ねてはいません。**セキセイの場合、チークパッチを青色にする必要があったからかもしれません。**P.93で述べたように青色は構造色で作りますが、構造色を作るには羽毛の微細構造が必要なので、小羽枝のない耳羽では作れないのです。

野生のセキセイのチークパッチは唯一、目立つ場所にある青色。**紫外線で青く輝く羽毛はメスを惹きつける**のです。アオガラは青い冠羽をもちますが、メスは紫外線反射が強く鮮やかな青色をもつオスを選びます。紫外線をよく反射することは羽毛の微細構造がきちんと作れた証拠であり、健康なオスのあかしなのです（P.53）。

実験で**セキセイのオスの頭と頬に日焼け止めを塗って紫外線の反射をなくすとメスにモテなくなる**こともわかっています。胴体の緑色にも構造色の青が含まれていますが、シンプルな青色のほうが紫外線をよく反射するのでしょう。

とりのほんね

セキセイのチークパッチは異性にアピールするために青く輝かせる必要があって、耳羽を兼ねることができなかったっぽい

51 鳥の模様はどうやってできるの？

うーむ
なに？
チークパッチの下の点々も謎だし
何のためにあるの？
翼の波々模様もふしぎ…
？
ひとつ気になると全部知りたくなっちゃうね
カキ
カキ
ふしぎだねえ

動物の模様はすべてある数式で作り出せるという説があります。アラン・チューリングという天才数学者が作った数式で、実際にコンピューターでシミュレーションすると、シマウマの縞もキリンの網目模様もヒョウの斑点も作り出せるそうです。

とりのほんね

すべては解明されてないけど波々模様には数式がある⁉

52 鳥は眠るとき なんで下まぶたを閉じるの？

鳥類も爬虫類も両生類も、哺乳類以外は眠るとき下まぶたを動かして目を閉じます。ただしまばたきの際は鳥は上まぶたを動かすとか。アイシャドーのようにまぶたに目立つ色があって、パチパチさせて求愛などのディスプレイをする鳥もいます。

とりのほんね

上まぶたを閉じるのは哺乳類だけだよ

53 人の行動をマネしたがるのはどうして？

ふう…ちょっと休憩〜
おそうじがんばった〜
ごろーん
すやぁ…
午後
3時のおやつ〜♪
ぱくぱく
ぱくぱく
ぱくぱく
ぱく
ふふっピーちゃんもアオちゃんもおやつだね

仲間の誰かが飛べば自分も飛ぶ、誰かが食べれば自分も食べるのが群れで暮らす鳥の習性。鳥の食欲がないときは、飼い主さんが目の前で食べて見せると、「自分も食べておくか」という気持ちになって食べてくれることがあります。

とりのほんね

群れでみんないっしょに動く習性があるからね

54 写真を撮ろうとスマホを向けるとこっちに飛んできます

被捕食者である鳥は人より視野が広く視線に敏感です。本当は手に止まりたいけれどスマホがあるからスマホの上へ着地。放鳥中にスマホをいじっていると邪魔してくる鳥もいますから、スマホをライバルのように思っている可能性もあるかも。

とりのほんね

大好きな人の視線に気づいたら飛んでいくよっ

55 鳥どうしって鳴き声で会話してるの？

鳥は鳴き声の組み合わせ方を変えることによって複数の意味を伝えているという研究結果が発表されました。オーストラリアに生息するスズメ目の小鳥が、2つの鳴き声の組み合わせ方によって複数の意味を伝えていたのです。AとB、2つの鳴き声を「AB」と組み合わせたときは飛翔中のサインに、「BAB」と組み合わせたときはヒナにエサを与えるというサインになるそう。実際に録音した鳴き声をその小鳥に聴かせると、「AB」のときは向かってくる仲間を探すように辺りを見回し、「BAB」のときは巣を見やったそうです。

音の組み合わせによって異なる意味を伝えるの**は原始的な文法といえる**と研究者は語っています。

コガラは敵を発見すると「チカディーディーディー」と鳴きますが、「ディー」の数が多いほど危険であるというサインだとか。「超超超危険！」という感じでしょうか。それを聴いた仲間は危険度が高いほど激しく敵を追い払おうとするそう。鳥たちは確実に鳴き声でコミュニケーションしているのですね。

チカディーディーディーッ
超超超!!
危険!!!

とりのほんね

鳴き声には限りがあるけど、組み合わせで多くの意味を伝えてるよ！つまり、鳥語には文法があるんだ

56 溜めた水より流れる水で水浴びするほうが好き？

野生の鳥は雨が降ると活動的になります。翼を広げて雨にさらし、体の汚れや余分な脂粉を洗い流しながら羽づくろいをします。溜まり水（水浴び容器）での水浴びもいいですが、雨を思わせる流水での水浴びは格別なのでしょう。またP.81で述べたように、オカメインコなど乾燥地帯にすむ鳥にとって雨は恵みの雨ですから、喜びもひとしお。ご機嫌で歌いだす鳥もいます。

　カラスは公園の水道を自分でひねって水浴びしたり飲んだりすることを、2019年に東京大学の教授が発表しました。そのカラスはレバー式とハンドル式両方の蛇口を開けることができ、しかも水浴びのときは勢いよく、飲むときは軽くと水の量も調整しているとか。頭よすぎですね。

　同じような行動はペットのコンゴウインコもすることがわかっています。キッチンの蛇口をひねって水を出し、頭からかぶって水浴びするそう。どちらも終わったら自分で水を止めてくれると完璧なんですが、そこまで人間の都合は考えてくれないようです。

とりのほんね

雨のなかで水浴びしている気分！
自分で蛇口をひねって
シャワーを浴びる賢い鳥もいるよ

57 絵の良し悪しがわかるの？

驚くことに、**鳥は絵画のうまい・ヘタを見分けられる**ようなのです。実験で使用したのは小学生が書いた水彩画とパステル画。それを複数の人間で判定して「じょうず」と「ヘタ」に分類。そしてハトの前の画面にじょうずな絵が映ったときだけ画面をつつくとエサがもらえることを教えます。その後、新しい絵を見せたときもハトは高確率でうまい絵とヘタな絵を区別して画面をつついたのです。

絵のうまい・ヘタの基準は単純ではありません。色の使い方や筆遣いなどの技術面、構図、写実性など総合的な評価です。鳥は人間と同じように絵の判定ができる……つまり**鳥は芸術を理解できるのかもしれません。**

有名作家の絵画の見分けもお手のもので、**ピカソやモネ、ルノアール、ゴッホなどの絵画を見分けるように訓練すると、初めて見た絵でもそのタッチから作家を見分けるそう**（ハトや文鳥）。ちなみに文鳥はピカソなどのキュビズムの絵の前に長くいたそうで、どうやらキュビズムが好きなようだとか。文鳥は意外と前衛的……？

とりのほんね

絵のタッチから作家を見分けたりうまい・ヘタも判別することができる。絵のセンスも鳥はもってるんだ！

58 なんで鳥のぬくもりってこんなに癒やされるの？

飛翔は多くのエネルギーを必要とします。そのエネルギーを得るために鳥の体は新陳代謝がつねに活発な状態。人間も運動すると体温が上がりますが、**鳥は飛んでいないときも何かあればすぐ飛び立てるよう、アイドリング状態**。だから温かいんですね。

とりのほんね

鳥の体温は40℃くらいと人より高いからね

アオちゃんニギコロは嫌いだけど
抱っこは好きだね♪
ポカ
ポカ
鳥ってあったかいなあ
…幸せ♡
コビトになって
埋まってみたい…
もふ
もふ
ぽかぽか♡
誰もが
一度は考えるよね
はわ——…

59 鳥もあくびがうつる？

セキセイのあいだであくびがうつることが2015年に発表されています。あくびの伝染は相手に共感している証拠といわれ、人間やチンパンジー、犬などで確認されていますが、哺乳類以外で確認されたのはセキセイが初めてです。

とりのほんね

セキセイはあくびがうつることがわかってるよ

60 オウムが笑うのは楽しい気分だから？

単に人の笑い声をマネしているだけかもしれませんが、「笑い声＝楽しい気分」とリンクして覚えている可能性もあります。鳥のあいだでは楽しい気分が伝染することが2017年に発表されています。ミヤマオウムは人の笑い声のような特徴的な鳴き声を出すのですが、それを聴いた仲間は楽しい気分になり遊びだすそう。仲間とじゃれあったり、空中をアクロバットのように飛び回るそうです。

ほかに、カラスは仲間うちでいじめられた個体がいると寄り添ったり羽づくろいをするなどなぐさめるような行動をするというデータもあります。仲間に共感したり、傷ついた仲間をなぐさめるなどの行動はゾウや類人猿、犬で確認済み。いずれも家族や群れの絆が深い動物たちです。また、犬と人は異種間で感情が伝染することも知られています。鳥もパートナーとは強い絆を結びますから、楽しい気分で笑っている飼い主さんを見て、自分も笑いながら楽しい気分になるのかも。いずれにしてもそれを見た私たちは楽しい気分になりますね。

とりのほんね

飼い主さんの楽しい気分込みで笑い声を覚えたのかも。仲間の笑い声で楽しい気分になっちゃうオウムもいるよ

61 髪をかじるのは羽づくろいのつもり？

鳥のペアはお互いに羽づくろいしあって絆を深めます。飼い主さんをパートナーと思っている鳥がクチバシで甘噛みしてくるのはこれと同じで、愛情表現のひとつです。

人に優しくしてもらった野鳥が恩返しをするという実話がありますが、これも人をパートナーと見染めたためなのかもしれません。例えばケガしていたミミズクを助けたら獲物を届けにくるようになったという話は、いわゆる**求愛給餌。オスが愛するメスに捧げる貢ぎ物**でしょう。ほかに、エサをくれる少女に街中で見つけた宝物を届けるカラス（これも実話）は求愛給餌の変化球なのかも。ちなみに届けられた宝物は光沢のあるボタンやクリップ、ボルトなどの光り物です。

ニワシドリのオスは求愛の際に茅葺《かやぶ》き小屋のようなもの（あずまや）を作り、まわりを集めてきた装飾品で飾ります。装飾品はレアであるほど求愛が成功するらしく、ガラスの破片やアルミ箔、CDなどの光り物が人気だとか。

オスが愛するメスに光り物を贈るのは、人間も鳥も共通なのかも？

とりのほんね

そのとおり。愛情表現のひとつだよ。愛する人のために食べ物を捧げたり金属をプレゼントすることも！

62 鳥には思いやりの心があるの？

「大丈夫？」としゃべってもそれは覚えた言葉を発しているだけ。パートナーには優しくするかもしれないけれどそれ以外には無関心。そんなイメージをくつがえす研究結果が発表されました。**ヨウムはそれほど親しくない相手にも見返りなしで利益を与えること**がわかったのです。実験はこういうもの。ヨウムにコインとエサが交換できることをまず教え、その後透明な仕切りで2つに区切られた箱に入れます。仕切りには穴があり、向こう側の相手とモノを交換することができます。相手がパートナーだったときヨウムは当然のようにコインを渡しますが、相手が顔見知り程度のヨウムでもコインを渡したのです。

同じ実験をコンゴウインコにも行いましたが、**コンゴウインコは仲間にコインを渡すことはほぼなかった**そう。数十羽の群れで生活するコンゴウインコに対して1200羽にものぼる巨大な群れで生活するヨウムはより社会性が高く、パートナーとより長いあいだつがい関係を結ぶことがこの差を生んでいるのではといわれています。

とりのほんね

顔見知り程度の仲間にも見返りなしで親切にする鳥がいる。社会性が高い鳥は仲間との絆を大切にしてるんだ

63 鳥の先祖は恐竜だったんですよね?

長年の研究から、**鳥が恐竜から進化したことは間違いない**とされています。恐竜のなかの、ティラノサウルスが含まれる獣脚類《じゅうきゃくるい》というグループが鳥に進化したそうです。**恐竜の一部が鳥と同じように羽毛をもっていた**こともわかっています。昔の図鑑に載っている恐竜はみなトカゲのようなウロコ状の皮膚でしたが、現在の図鑑の絵にはフワフワの羽毛があります。なかには色鮮やかな羽毛をもつ恐竜や、翼をもつ恐竜もいます。空を自由に飛ぶまではできずとも、樹上に駆け上がったり滑空したりするのに翼は役に立ったといわれます。

そうして体を小型化して自由に飛べるようになったのが鳥です。隕石衝突により地球環境が大きく変わり大型の恐竜が絶滅したときも、小さな体の鳥は生き残ることができました。小さな体なら少ないエサでも生きられますし、成長や次の世代の誕生が速く、新しい環境にすばやく適応することができたのです。

つまり**鳥は小さな恐竜。恐竜は鳥の姿に変わっていまも繁栄している**のです。

とりのほんね

そのとおり。鳥とティラノサウルスは親戚だったんだよ。大型恐竜が絶滅したときも小さな体の鳥は生き残れたんだ

キホンのキ 2

ゲージから気持ちを読みとりましょう!

ドキッ…
あったまろう

細くなる

緊張したときは羽毛をぴったりと伏せて体が細くなります。遠くに何か怪しいものを見つけたときは伸び上がって確認しようとするので縦長のフォルムになります。

丸くなる

体温を上げたいとき、鳥は羽毛の間に空気を入れてふくらみます。寒いときや具合が悪くて温まりたいとき、眠いときにこのように丸くなります。

ねえ、○○して!

翼を胴から離してわきわきと動かす

インコの典型的なおねだりポーズ。「遊んで」「おやつちょうだい」などあなたに甘えています。いっぽう、このポーズでじっとしているときは暑くて放熱しています。

知り たい!

鳥のほんねの

鳥のほんねは体にも表れます。ボディラン

片方の翼を伸ばす

いわゆる準備運動で、翼と脚を片方ずつ伸ばすストレッチです。アクティブな気分になっているので遊ぶなら絶好のチャンス。鳥好きのあいだでは「スサー」と呼ばれるしぐさです。

翼をバタバタさせる

相手のふるまいが気に入らない、気に食わないことをされたなどのとき、**拒否や抵抗の気持ち**として翼をばたつかせます。人間の子どもが地団太を踏むようなものです。

止まり木の上をウロウロ

エネルギーいっぱいでテンションが高い状態です。**遊びたくてソワソワ**しているのです。可能なら放鳥して遊ばせてあげましょう。

ケージの天井からぶら下がる

高い場所は安心

なるべく高いところに行こうとした結果、ぶら下がる状態になったのかも。もしくはいつもとちがって見える景色を楽しんでいる、人から注目を浴びることを楽しんでいるのかも?

片脚で体をゆっくりかく

あ〜ヒマぁ〜

体がかゆくてかくときはカリカリッと速いしぐさ。ゆっくりとかくのは、**ほかにやることがなくて退屈**な証拠です。新しいおもちゃをあげるなど刺激を与えてあげて。

尾羽を上げる

結婚して♡

メスは発情すると尾羽を上げて**相手を交尾に誘います**。人間相手にこのしぐさをすることもあります。

尾羽をふる

はいっ終わり!

いままでしていた**行動に満足して終わらせるとき**は、気持ちの切り替えとして尾羽をふります。また、ほかの鳥に挨拶するときもこのしぐさが見られます。

4章

トリアタマとは言わせない

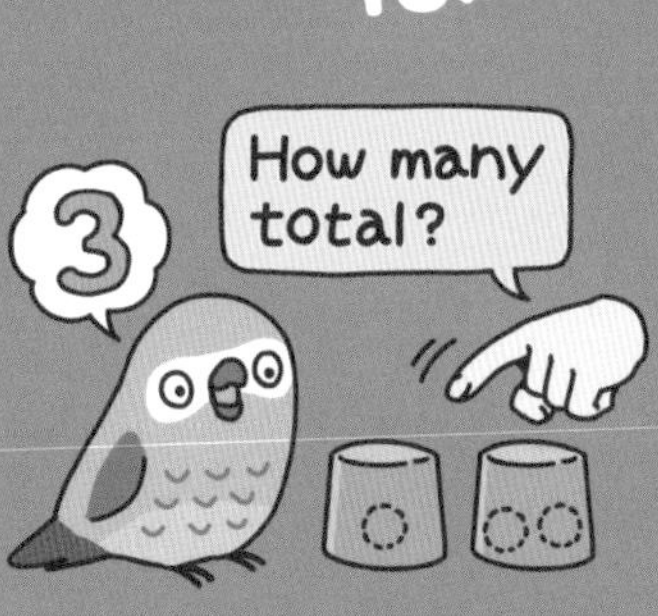
3
How many total?

64 英語の発音、私より鳥のほうがうまいのはなぜ？

鳥は意味のわからない言葉でも丸暗記してしまいます。それが日本語だろうが英語だろうがフランス語だろうが、まるでネイティブのように完璧に発音します。**ヒアリングと発音は人より鳥のほうが優秀**なのです。

そうして一度覚えた音は何度でも完璧に再現できます。キンカチョウは同じフレーズをほぼブレずに何度も歌えることが音響分析でわかっています。音の高さ、リズムがまるで録音再生のように一定なのです。これはどうやらオスの優秀さを表す指標のひとつのようで、**同じ歌を正確に同じように再現できるオスほどモテる**というデータがあります。歌の正確さは子孫を残すための重要課題なのですね。

また、人間の言葉をマネすることのない文鳥でも**英語と中国語を判別することができる**という実験結果も。『源氏物語』の英訳と中国語訳を聴かせ、英語が流れたときだけ別の止まり木に跳び移ればエサがもらえると教えると、高確率で正解するそう。発音の特徴や抑揚《よくよう》から言語を区別できるのです。

とりのほんね

何語だろうとすぐれた聴覚で聴き取って
そっくりそのまま正確に発音できる。
しかも何度でも同じように再現できるよ

65 音声認証でスマホを立ち上げる鳥がいるの？

Siriを立ち上げるセキセイ、実際にいます。人間そっくりに発音できる証拠ですが、音声認証できる家電が増えた現代では困った事態も。イギリスでは**飼い主さんの留守中にアレクサに話しかけて好物をネット注文するヨウムがあらわれた**そうです。「アレクサ、イチゴを注文して」といった具合に……。ほかにスイカやアイスクリームなどが次々に到着し、飼い主さんは身に覚えのない宅配便にしばらく首をひねっていたそうです。

　このヨウムは飼い主さんの様子を見て「こう言えば機械が反応する」と覚えたのでしょうが、きちんとデバイスに向かって言葉を発し、ちゃっかり好物を注文しているあたり賢いとしかいいようがありません。Siriなどの人工知能は話しかけると「OK!」などと返事をしますから、ヒマをもてあましている知能の高い鳥にとっては格好の遊び相手なのでしょう。

　大型インコやオウムの知能は人間の5歳児程度といわれています。5歳児ができるイタズラは大型の鳥もできる、と思って備えるべきですね。

とりのほんね

機械も聴き分けられないほど人間そっくりに発音できるんだ。好物を勝手に注文しちゃうことも!?

アレクサ!
イチゴを注文して

66 エサを食べるのにわざわざ苦労させる必要はある？

労せずに手に入れたエサより、苦労して手に入れたエサのほうが価値がある。そんな心理を「コントラフリーローディング効果」といいます。これは多くの動物にある心理で、鳥ではハト、ムクドリ、ニワトリなど、鳥以外ではチンパンジーや犬、ラット、魚などで確認されています。多くの動物は目の前にただ置かれたエサより、レバーを押すなどの労働対価として得られるエサのほうを好むのです。とくに植物を主食とする鳥は、野生では起きている時間のほとんどを採餌《さいじ》に使っていますから、エサを紙で包んだり、おもちゃの中に隠したりして、食べるために頭と体を使わせる工夫（フォージング）をぜひ生活に取り入れたいものです。

アメリカでは「Busy《ビジー》 bird《バード》 is《イズ》 Happy《ハッピー》 bird《バード》」（忙しい鳥は幸せな鳥）という言葉があります。上げ膳据え膳で何もすることのない生活は快適とはいえないのです。

フォージングのほかにもおもちゃで遊んだり、得意な鳥には新しい言葉や芸を教えるなど、日々よい刺激を与えてあげましょう。

とりのほんね

野生ではエサを探すのに毎日大変だけど、苦労して手に入れたエサには価値がある！毎日上げ膳据え膳じゃヒマすぎちゃうよ

67 歌のレパートリーがどんどん増えていくけど？

アメリカなどにいるチャイロツムギモドキという鳥は1000曲以上のレパートリーをもっているそうです。なぜこんなにも多くの歌をさえずるのでしょうか。それはずばり、**新曲はメスの興味**を引けるから。ジュウシマツのメスは新しい曲を聴くと心拍数が上昇することがわかっています。鳥も同じ歌ばかり聴いているとやはり飽きてしまうのです。歌のレパートリーは脳の「歌神経核」と呼ばれる領域が大きくないと増やすことができませんが、歌神経核が大きいのは体が健康、かつストレスが少なく免疫系が強い証拠。つまりレパートリーの広さも、すぐれたオスであるというアピールになるのです。

いっぽう、**ヒット曲は何百年にも渡って受け継がれる**というデータも。北米にいるヌマウタスズメのなかでは500年以上受け継がれている人気曲があるとか。いわゆる鉄板ソングをそれぞれのオスがマスターした結果、伝承されつづけたようです。鉄板ソングは外せないけれど新曲も聴きたい……それがメスの心理のようなのです。

とりの
ほんね

歌のレパートリーの広さは、体が健康で頭もいい証拠！　メスにモテるためには新曲をどんどん覚えるのは当然だよ

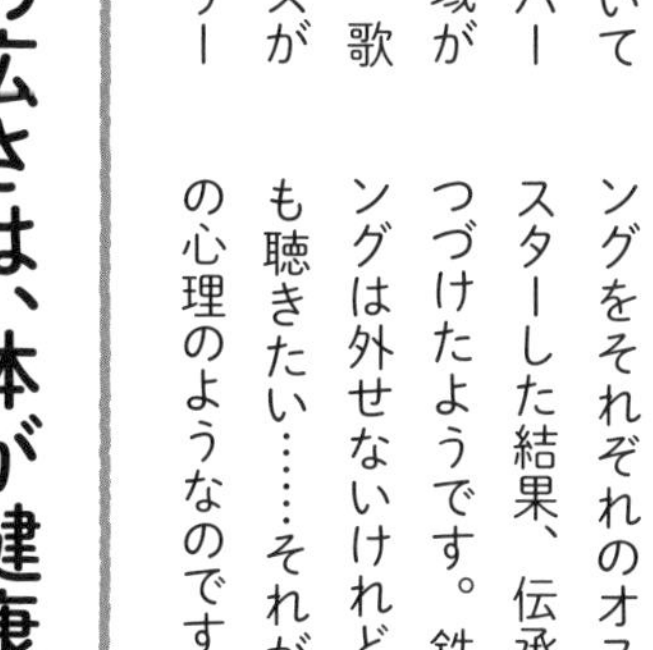

68 同種の鳥でないと鳥語は通じないの？

人が外国語を理解するように、鳥はほかの種の鳥語を理解しているようです。

シジュウカラが天敵のヘビを見たときに発する「ジャージャー」という警戒鳴き（P.69）ですが、近縁種のゴジュウカラやヒガラも理解していることがわかりました。他種でも同じ地域に暮らす鳥の言葉を理解しておけば、危険を回避できるなどのメリットがあるからです。鳥語に限らずサルの警戒鳴きを理解する鳥も。逆も然りで、鳥の警戒鳴きを聴いて逃げだす哺乳類もいます。

これを逆手にとって利用する鳥もいるから驚きです。カラハリ砂漠にいるクロオウチュウという鳥は、実際にはタカが来ていないのに**「タカが来た！」とウソの警戒鳴きをします**。するとそれを聴いたミーアキャットなどは食べ物を放り投げて逃走。クロオウチュウはまんまと食べ物を盗みます。1日の食糧の1/4は盗んだ食べ物といいますから常習犯。毎回同じ警戒鳴きだと騙せなくなるからか、哺乳類を含む51種の警戒鳴きを出すそう。鳴きマネの天才でもあるのです。

とりのほんね

同じ地域にすむ鳥なら他種でもある程度、鳥語を理解しているよ。サルの鳴き声を理解する鳥もいるんだ

ヘビ!?
ヘビだー!!
ジャージャーッ

69 自分でダンスを振付する鳥がいるってホント？

キバタンのスノーボールをご存じでしょうか。マイケルジャクソンやバックストリートボーイズの音楽に合わせてノリノリで踊るオウムです。しかも曲によって振付を変えるから話題騒然。ダンスの動画が初公開されたのは2007年のことですが、見えないところで人が踊っているのに合わせているだけなのかもという憶測もありました。そこで生物学者が正式に調査・研究。その結果、スノーボールは**14種類の振付を自ら創作した**ことがわかったのです。これはつまり、**オウムには創造性がある**ことを示しています。

振付は左右にステップを踏む、冠羽を広げて激しくヘッドバンギング、片脚を高く上げる、などなど。曲によって振付を変えるのはもちろん、1曲のなかでも曲調が変わると同時に振付を変えるさまは見事です。

野生のキバタンの求愛ダンスは短時間。しかしスノーボールは曲に合わせて4分以上も踊り続けます。奇声を発しながらステップを踏むスノーボールは、ダンスを心から楽しんでいるにちがいありません。

とりのほんね

キバタンのスノーボールは14種類もの振付を創作したよ。安全な飼育下では鳥もダンスを楽しむのかも？

70 人間の言葉の意味をわかってる？

日本語しかわからなかった人が、「Green《グリーン》＝緑色」と教えられて覚えるように、鳥も訓練しだいで人の言葉を理解するようになります。なかでも覚えやすいのはすごく嬉しい言葉か、すごく嫌な言葉。「おやつ」で飛んできたり、「病院」の言葉で逃げ出す鳥もいます。

とりのほんね

「おやつ」のように重要な言葉の意味は覚えるよ

71 鳥はなぜ早起き？

日が昇るとじょじょに温かい空気が上昇し、大気が乱れます。その前にさえずったほうがクリアな音質になるのです。**アオガラは朝早くさえずるオスほどモテる**ことがわかっています。ただでさえ鳥はルーチンを大切にしますから、飼い主さんも寝坊はほどほどに。

とりのほんね

早朝はさえずりがきれいに響くんだ！

72 鳥は言葉の意味をわかってしゃべってるの？

とりのほんね

ちゃんと意味がわかって言葉を話す鳥もいる！　鳥どうしが人間の言葉で会話することだってあるんだ

鳥がいくら人間そっくりに言葉を発しても、それは単に覚えた音を再現しているだけで、意味をわかっているわけではない。そう、20世紀半ばまではいわれてきました。しかし数々の実験から**鳥は訓練しだいで言葉の意味をちゃんと理解して発することができる**とわかってきました。例えばある科学者が飼っていたブルーバードという名のセキセイは、ドアを開けてほしいときに「Open《オープン》 the《ザ》 door《ドア》」（ドアを開けて）、蛇口で水浴びしたいときに「Shower《シャワー》」といいます。さらにパートナーのメスには「Kiss《キス》 me《ミー》」（キスして）。**ふさわしい状況で、ふさわしい言葉を発するのです。**

天才ヨウムのアレックスは、実験に疲れると「Wanna《ワナ》 go《ゴー》 back《バック》」（帰りたい）と言い、「Want《ウァント》 grape《グレープ》」（グレープがほしい）と言ったときにバナナが与えられると食べずに「Want grape!」とくり返します。**アレックスとほかのヨウムが**「What《ホワット》 color?《カラー》」（これは何色？）、「Green《グリーン》」（緑色）**と、人間の言葉で会話**したこともあります。

73 新しい遊びを思いつくのは賢いから?

鳥カフェ
パタタタ
あれ? ヨンさま どこ行くの?
シュタッ
ぐる ぐる
シャ
バッ
その遊び 最近の マイブーム みたいで
ヨンさま 楽しい?
バッ
キラ
キラ

飼い鳥だけでなく、野鳥であるカラスも遊ぶことが確認されています。雪が降りつもった斜面で板に乗り、さながらスキーのようにすべりおりたり、落ちていたボールをついてサッカーをしたり……。多くの鳥類のなかでも遊びは1%ほどの種にしか見られず、カラスやオウム、インコなど知能の高い鳥に限られるといいます。こうした**遊びは生存に有利な学習の一面もある**よう。ロープや棒、ブロックなどをあらかじめおもちゃとして与えられていたオウムやカラスは、その後の「棒やブロックを使ってエサを得る」という課題に成功しやすいという実験結果があります。つまり、遊びをとおしてモノの特性を把握することができるのでしょう。

しかし遊びのなかには、公園のすべり台をすべりおりる、電線に止まったまままくるりと一回転するなど、道具を使わないものもあります。これも材質の把握や身体能力の確認なのかもしれませんが、ある専門家は「**遊び自体が報酬になっている可能性もある。つまりただ楽しくて遊ぶのかも**」と語っています。

とりのほんね

鳥のなかでも知能の高い種しか遊ぶことはない。遊びをとおして生存に有利な情報を得ることもあるよ

74 鳥の情報拡散力はすごい？

情報を拡散するツールとして親しまれているツイッターの名前の由来は鳥のさえずり（Tweet《ツイート》）ですが、**鳥もいわゆるリツイートをする**ことがわかりました。シジュウカラが敵を発見して警戒鳴きをすると、それを聴いた仲間や近縁種たちは自身も警戒鳴きをしてまわりに危険を知らせるのです。この警報は時速160㎞ですばやく森に広がり、敵の襲来に備えられるようになっています。

ゴジュウカラもシジュウカラのリツイートをしますが、**リツイートの際、敵を直接確認できていないと「敵の情報あり！ただし未確認」という鳴き方をすること**が2020年にわかりました。実験でスピーカーから敵であるフクロウなどの鳴き声を流したとき（敵の存在を自分の耳で確認）と、シジュウカラの警戒鳴きを聴かせたとき（間接的に知る）では、ゴジュウカラは異なる鳴き方をしたのです。ゴジュウカラは情報の扱い方がとてもていねいということで、フェイクニュースの拡散もなさそうですね。

とりのほんね

命に関わる敵の情報はすばやくリツイートして拡散する！時速160㎞でみんなに広げるよ

Twitter
セキセイ @sekis
○△□らしいよ
350
50

75 鳥はどのくらいの期間ものを覚えていられるの？

あれ？ お客さま お久しぶりですね
ペこ
隣町に引っ越しまして
今日はたまたま近くに来たので立ち寄りました
鳥カフェ
新しい子たちも増えていちだんとにぎやかになりましたね
ピチチチッ
ピロロッ
ピィ
チチチ
たくさん楽しんでくださいね
ピィ
ピィ
あら…？ あなた…
てち
てち
やだ！ あのときのハカセちゃん？
わ〜〜っ
コンチワ
1年前に来たきりなのにもしかして覚えててくれたの？

「鳥は三歩歩けば忘れる」なんて不名誉なことはもう言わせません。**カラスは危険人物の顔を9年間覚えていた**というデータがあるのです。実験ではリアルな人面マスクを着けた人物がカラスのはく製を持ち、野生のカラスの前に登場。はく製が仲間の亡骸と思ったのかカラスたちは大騒ぎです。その後、同じマスクを被った人物を見つけるたびにカラスは大騒ぎ。はく製を持っていなくてもそれは続いたので、危険人物の顔（マスク）をしかと覚えたのでしょう。実験を終えてから9年後、久しぶりにマスクを着けて同じ場所に現れてみるとカラスは再び大騒ぎ。急降下してぶつかるなどの攻撃もしたといいます。

カラスの寿命は10〜30年。飼育下では60年の報告もあります。**寿命が長いのに短い記憶力しかないようでは生存に不利。**野生では年に一度しか利用できない採餌場などもあるでしょうし、危険な相手を忘れたら命に関わります。長い寿命をもつ大型インコやオウムも、おそらくカラスと同程度の記憶力があるはず。5年前に別れた人物を覚えていたヨウムの記録もあります。

とりのほんね

寿命の長い大型の鳥はおそらく数年〜数十年単位の記憶力がある。とくに命に関わる危険は絶対忘れない！

76 鳥は数をかぞえられる？

天才ヨウムのアレックスは6までの数なら正確にかぞえられたといいます。例えば四角形を見せて「How《ハウ》 many《メニー》 corner?《コーナー》」（角はいくつある？）と聞くと「Four《フォー》」（4）と答えます。それどころか、**ゼロの概念を理解していた**ともいわれます。博士がアレックスに複数のおもちゃを見せながら「How《ハウ》 many《メニー》 blue《ブルー》 block?《ブロック》」（青のブロックはいくつある？）と聞くと、「None《ナン》」（ない）と答えるのです。実際にそのなかに青のブロックはありませんでした。

　また、**簡単な足し算もできました**。2つのコップにそれぞれおやつを1つと2つ入れ、「How《ハウ》 many《メニー》 total?《トータル》」（合計でいくつ？）と聞くと「Three《スリー》」（3）と答えるのです。同じ方法で3+4や4+4もできたそう。

　別のヨウムでの実験では**確率を理解している**という報告も。青いボール3つと赤いボール1つをバケツに入れて混ぜたあと、手に1つだけ持って「What《ホワット》 color?《カラー》」（何色だと思う？）と聞くと、76%の確率で青、24%の確率で赤と答えるのです。つまり3/4の確率で青だとわかっているということ。頭よすぎ！

とりのほんね

ヨウムは少ない数ならかぞえられるし、足し算もできるし確率も理解している！これは人間の8歳くらいの知能だよ

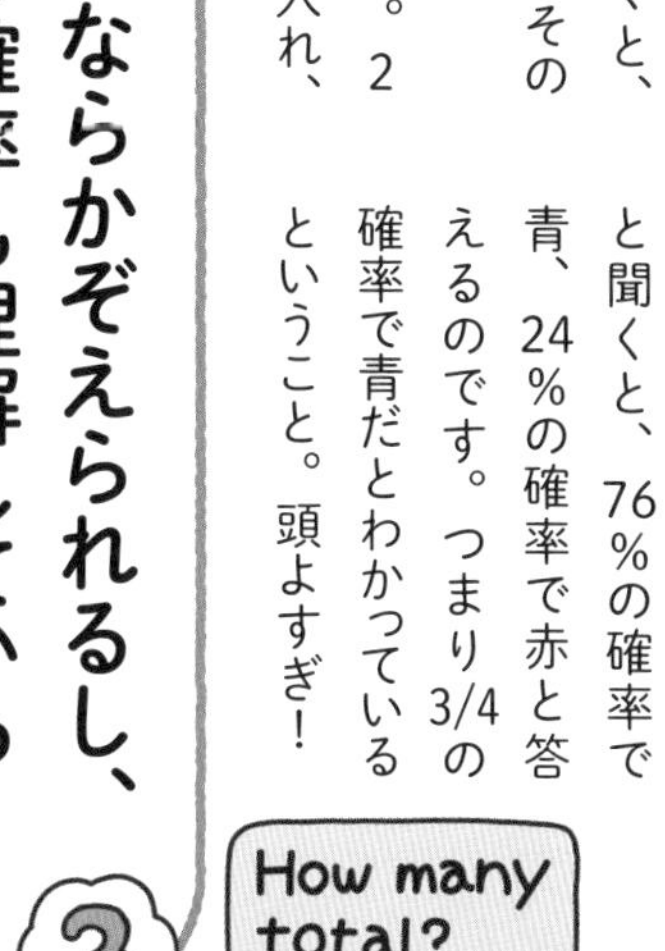
3
How many total?

77 道具をじょうずに使いこなせるのはなんで？

かつて、道具を使えるのは人間だけといわれてきました。しかし鳥も道具を使えます。例えばシロビタイムジオウムはクチバシが入らない細長い筒の中からエサを取り出すのに、そばにあったワイヤーを使用しました。しかも**エサを引っかけるためにワイヤーの先を曲げてフック状にする**という工夫もしたといいます。これはオウムによるイノベーション（技術革新）といえるでしょう。

ほかに、網の向こうにあるエサを取るためにそばにあった木片をクチバシで割って棒を作り、それを網のあいだから差し込んでエサを引き寄せたオウムもいます。つまり**道具を作り出したの**です。はじめは1羽しかできなかったこの技をほかのオウムにも見せたところ、そのオウムたちもできるようになったそう。仲間を見て学んだのです。

野生のカラスが道路にクルミを置いて車にひかせて割り、中身を食べるという行動がありますが、これもあるカラスが起こしたイノベーションをほかのカラスがつぎつぎマネしてあちこちに伝《でん》播《ぱ》したといわれています。

とりのほんね

ズバリ、知能が高くて器用だから。道具を使えるのは人間と鳥のほかは類人猿やイルカなど限られた種なんだ

78 伝書鳩が手紙を届けられるのはどうして？

伝書鳩のラブレター…ロマンチックだね
あれピピもできないかな？
大雨
天敵
ピッ
今日からうちの子よ〜
誘拐
想像…
だ、だめ〜〜〜！絶対だめ！
「かわいい子には旅」させられないよー!!

まず勘違いしないでほしいのは、伝書鳩も知らない場所には行けません。元の巣に帰っているだけです。つまりハトの帰巣本能を利用して手紙などを届けていたのが伝書鳩。1000㎞以上もの距離を飛んで帰ってくるハトもいるといいますからたいしたものです。

それにしても、よく間違えずに帰ってこられると思いませんか。渡り鳥は太陽や星座の位置を手がかりにしているといいますが、曇りの日だってあるし、そもそもハトは夜間は飛びません。じつは、**地球の磁場を手がかりに**しているのです。これはハトに限らず鳥類共通で、目の中に磁場を感じる細胞があるよう。目にナビが備わっていたんですね。

こうした実験もあります。**ハトに磁石をつけて飛ばすと、晴れた日は正しい方角へ飛べるのに、曇りの日は間違った方角へ飛んでしまうそう。**磁石をつけなかったハトはもちろん、曇りの日も正しい方角へ進みました。太陽の見えない日は体内コンパスだけが頼りなのに、磁石でそれが狂ってしまったのですね。

とりのほんね

帰巣本能が強いハトは元の巣に飛んで帰ろうとするから。太陽の位置と地球の磁場から、元の場所がわかるんだ

79 生まれて初めて見た相手を親と思っちゃうのはなぜ？

カルガモかわいい〜
ぞろ
ぞろ
ぞろ
たしか卵から孵《かえ》ったとき初めて見たものを自分の親だと認識するんだよね
もし人間を見ちゃったら人間が親だと思っちゃうんだ
鳥のお母さん役になるのは難しそうね
じゃあ例えば孵化したときにアオちゃんを見たら
?
ぞろ
ぞろ
…絶対かわいい
でもすぐアオちゃんより大きくなるしやっぱり大変そうだね
グワッ
グワッ
グワッ

ヒナは最初に見た「自分より大きくて動く者」を親と思い込む。**これはImprinting《インプリンティング》（刷り込み）と呼ばれる本能**です。野生ではふつう孵化後に初めて目にするのは親ですから、これでまったく問題なかったのです。種によって異なりますが刷り込みが発動するのは孵化後24〜48時間のあいだで、初めて見たものはたとえロボットだろうが段ボールのおもちゃだろうが親と思い込みます。

やっかいなのは**一度刷り込まれたものは訂正が効かない**こと。当然、「自分は親と同種」と思い込みますから、ほかにきょうだい（同種）もなく育つと、成長後に**親と同じ種に求愛するようになる**のです。段ボール相手に求愛ダンスをくり広げる鳥の姿を想像するとなんだか哀れです。人間（研究者）を親と思って育ったカラスは成長後に人間に求愛しましたが、この場合さすがというかやはりというか、相手は研究者の男性ではなく年頃の若い女性だったそう。「親には求愛しないよ！」ということでしょうか。

とりのほんね

ふつう、野生で初めて目にするのは自分の親。だから本能を単純化しちゃった。それで飼育下では変なことも起きちゃう

磯崎先生の
フムフム
課外授業

かぐわしいインコ臭

インコ好きにはたまらないインコ臭。マニアのためにインコ臭アイスや香水も発売されたといいますから、人気のほどがうかがえます。

インコ臭の元は尾脂腺の脂。鳥は羽づくろいでこの脂を全身に広げますが、そこに日光が当たると脂が紫外線で分解されて芳香物質に変わるといわれます。いわゆる「お日さまのにおい」ですね。尾脂腺が発達していない種では脂粉がたくさん出ますが（P.77）、脂粉にも独特の香りがあるようです。

ちなみに鳥種によって微妙ににおいが異なるという意見も。セキセイは「ポップコーンのにおい」、オカメインコは「甘いケーキのにおい」、モモイロインコは「バラの香り」などなど……。種によって多少エサが異なるのが原因でしょうか。ソムリエの田崎真也さんがセキセイのにおいを嗅いだときの感想は「クルミを噛んだ瞬間に立ちのぼるナッツ系の香りと、煎る前の白ゴマの香り」だったそう。やっぱりおいしそうなにおいですね。

5章

愛こそすべてさ

80 私のパートナーに攻撃的になるのはなんで？

一夫一妻制の鳥はパートナーを一途に愛するがゆえに嫉妬もします。飼い主さんを自分のパートナーと思っている鳥は、飼い主さんのパートナーをライバルと思って追い払ったり、攻撃したりすることもあります。とくにオスは愛するメスを取られまいとメイトガード（配偶者防衛）をする本能がありますから、ライバルへの攻撃も激しくなりがちです。

じつは、このライバルへの対抗心を利用した学習法があります。マンガでいえばハルが指導役となり、「アオに教えたいこと」を、アオの前でショウタ（ライバル）に教えるのです。例えば、リンゴという物体がリンゴという名前であることを教えたいなら、ハルがリンゴを持ち「これは何？」と聞きます。ショウタが「リンゴ」と答えると、ハルはショウタへのご褒美に食べ物やスキンシップを与えるといった具合。ライバルが自分にできないことをしている、しかもご褒美まで！　となれば自分もできるように必死で努力して「リンゴ」を覚えるのです。嫉妬心も使いようですね。

とりのほんね

自分のパートナーに手を出す奴は許さない！　とくにオスは恋敵には容赦しないよ。これも愛ゆえなんだ

81 大好きな人の元へ一目散！ほかの人はどうでもいい？

鳥にとってもっとも大事な相手はもちろんパートナー。でもパートナーがいなければ、ひとりでいるよりほかの誰かといっしょにいたほうがずっとマシ。それが鳥のほんねです。なぜなら鳥は群れで生きるから。野生では群れからはぐれた鳥はひとりで生きていけず、孤独は死を意味します。ですから一番好きな相手じゃなくても、なんならちょっと嫌いな奴でも、誰もいないよりはマシなのです。

「二番目に好きなら好きで、もうちょっと気を遣ってくれてもいいんじゃない？」と思うかもしれません。でも野生ではパートナーがそばにいるのがふつう。パートナーの姿が見えない非常事態のときだけ、間に合わせで群れのメンバーといっしょにいるだけなのです。野生では群れの構成はゆるく、パートナー以外のメンバーが入れ替わってもたいして気にしません。パートナーだけ別格で、あとはその他大勢ということ。

パートナーが帰って来る前にいっしょにいた相手なんて、あっというまに忘れているにちがいありません……。

とりのほんね

愛するパートナー以外はその他大勢。誰もいないよりはマシだけど、パートナーとは比べものにならないよ

82 メスをかわいがりすぎるのはよくないの？

飼い主さんをパートナーと思っているメスは、飼い主さんが体をなでたり、声をかけたりするだけで発情して産卵してしまうことがあります。発情してしまうときは、つらいですが距離を取るのが一番で、お世話もできればほかの家族にやってもらうのがベスト。頼める人がいない場合は、**お世話のときはお面を着けるといい**という説もあります。逆に鳥がパニックになりそうですが、安心できない環境では産卵しないのでちょうどいいのかも……？

気をつけていてもメスが卵を産んでしまうときもあるでしょう。その場合、卵を回収して減らすと産卵しつづけることがあります。実験で**スズメが卵を産むたびに取り除くと、ふつうは4～5個しか産卵しないのに50個も産んだ**というデータがあります。これは「一度の繁殖では4～5個の卵がベストだから産み足した」ということ。つまり小鳥でもある程度の数感覚があるということを示します。しかしこれでは体の負担がますます大きくなりますから、回収するなら偽卵《ぎらん》を入れるなどして対策を。

とりのほんね

飼い主にぞっこんなメスは、かわいがられると卵を産んでしまうことがある。すると命に関わるんだ

あなたの子どもがほしい…♡
ぴとっ♡

83 鳥のつがいは一生ラブラブ？

マイ宅
ぴっとり♡
今日も ふたりは ラブラブだね
すき♡
すき♡
羽づくろい したりして 四六時中 いっしょにいるよ
愛し合ってる ふたりを見ると 私まで幸せに なっちゃう♪
洗たく物 とりこんだよ～
ありがと～
スタンプ 1個返し
ショウくん
お弁当、今日もおいしかったよ! いつもありがとう☺
既読
最近適当に なってたなぁ…
私も 見習わ なくっちゃ
反省…

とりの
ほんね

繁殖がうまくいかないと別れて別の相手とペアになることも。でもペアのあいだはずっとラブラブだよ

鳥類の90%以上は一夫一妻制で、ペアの結びつきが強いのが特徴です。しかし、一夫一妻制だからといって一生同じ相手とつがい関係を結ぶとは限りません。生涯同じパートナーと添い遂げるのは白鳥、カラス、アホウドリなど。大型の鳥は子育て期間が長く、別の相手を探している暇はないという事情もあるようです。いっぽう、毎年パートナーを替えるオシドリなどの鳥もいます。オシドリは離婚率100%、期間限定の一夫一妻制なのです。

その他の鳥の離婚率は、ヒバリで50%、シジュウカラで25%など。つまり離婚する夫婦と、つがい関係を続ける夫婦がいます。離婚するかどうかは繁殖の成功率が関係していて、子育てがうまくいかないと離婚するよう。「子孫を残せないあなたとはお別れよ！」ということですね。自分の遺伝子を残すのは生物の大命題なだけになんともシビアです。

インコやオウム、フィンチの離婚率は調査が不十分ではっきりしませんが、オカメインコやカクサインコで離婚や別の相手との再婚が確認されています。

84 メスはどんな歌に惹かれるの?

モミジくんが歌いだした!
チュクチュク
ププピーッ
ププピーッ
チュクク
ぴょんっ
ぴょんっ
サヤカ宅
ハルの
脳内イメージ
君の為に
この歌を
捧げるよ…
ボロロ〜ン♪
♪〜
きゅん…♡
恋人に捧げる
ラブソングか〜
ロマンチック
だね
ふふっ
ミュージシャン
みたい
ちょっと
憧れるかも

鳴禽類のメスは速くて長くて複雑な歌を好むそうです。複雑な歌をさえずるためには知能の高さが必要ですし、長く歌えること、速く歌えることは体力が充実していることを示します。

そのほかの好みは種によって多少ちがうよう。**キンカチョウは大きな声を好みますし、カナリアはすばやいトリル（2音の往復）を好みます。**カナリアのオスはのどの鳴管の右左から交互に高音と低音を出し、毎秒17回のトリルを出すことができるそう。人間の耳には速すぎて聴き取れませんが、メスはしっかり聴き取ります。ほかには歌のレパートリーの広さ（P.129）や、同じ歌は同じように再現できる一貫性（P.123）も判断基準になっています。

ちなみにジュウシマツはコシジロキンパラの飼育種で2つは基本的に同種ですが、ジュウシマツのほうが複雑な歌をさえずるそう。安全な環境では歌の練習に多くのエネルギーを割くことができるせいかもしれません。

とりのほんね

長くて速くて複雑で、習得するのが難しい歌をさえずるオスはモテる！ペットの鳥はより複雑な歌を習得するよ

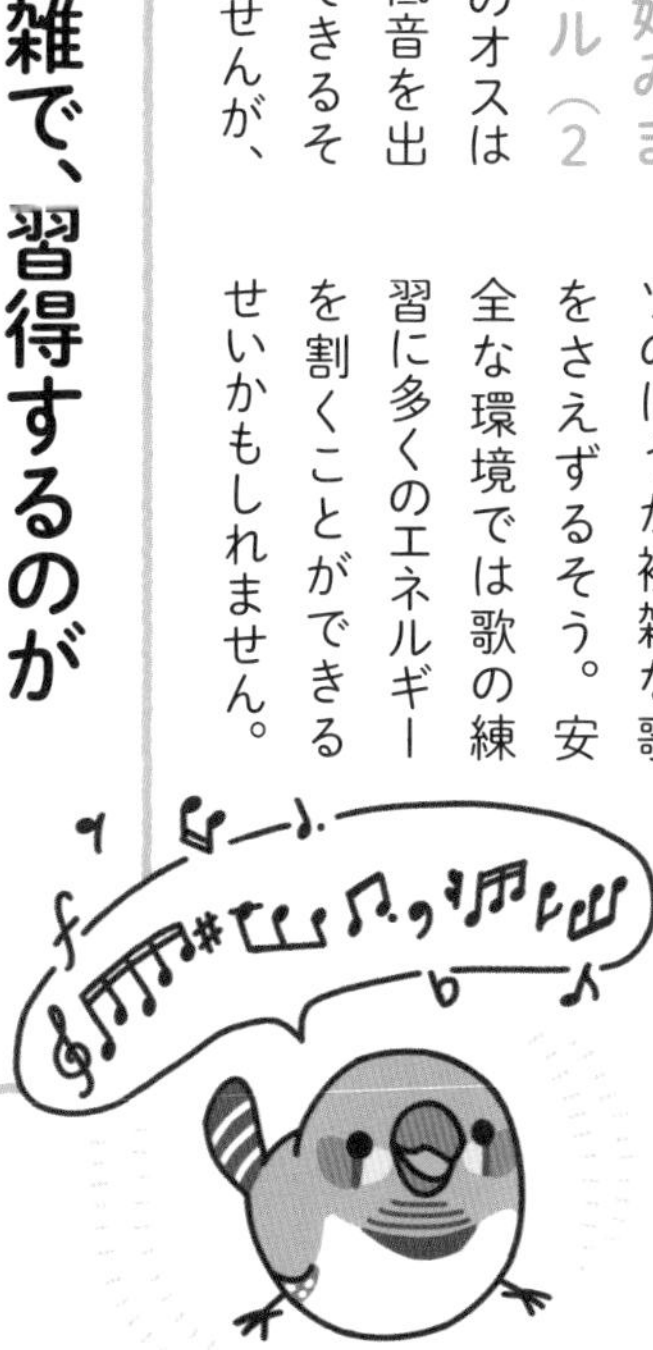

85 異種に育てられたら鳥のさえずりはどうなる？

とりのほんね

歌は遺伝＋学習で完成する。異種に育てられると本来とは異なる学習をしておかしな歌をさえずることも

P.31で、鳥は父親の歌を学習して同じ歌をさえずるようになるとお伝えしました。では、別種に育てられた鳥はどうなるでしょう？

　これを調べた実験があります。キンカチョウのヒナを近縁種であるジュウシマツに育てさせたのです。するとジュウシマツの歌を聴いて育ったキンカチョウは、ジュウシマツの歌をさえずるようになりました。しかし完璧ではなく、歌はジュウシマツなのにテンポはキンカチョウという摩訶不思議な歌に……。歌は経験によって学ぶけれど、テンポは生得的に備わっているということのようです。

　ところで、カッコウという鳥は別種の仮親に托卵されて育ちます。ならばやはり仮親と同じ歌をさえずり、求愛する相手は仮親と同種になる（P.151）かといえば、そうではありません。ちゃんとカッコウの歌をさえずり、カッコウに求愛します（そうでなければ絶滅しています）。ふしぎなことにカッコウは生得的に歌や同種の認識をしているようで、刷り込みはすべての種に起こるわけではないことを示しています。

ジュウシマツパパ
♪♫♪〜
君の歌ふしぎだね

86 気の利かないオスはモテない？

自分と他者では異なる視点や欲求をもつことを理解し、相手の考えを推測することを「心の理論」といいます。**鳥も心の理論をもつことがわかっています。**実験でⒶエサを隠すカラス、Ⓑ隠すのを見たカラス、Ⓒ見ていないカラスをいっしょにすると、隠し場所にⒷが近づくとⒶは妨害。しかしⒸが近づいても何もしません。つまり「Ⓑは隠し場所を知っているからやばい」と考えたわけです。Ⓒが近づいたときに何もしなかったのは、「Ⓒは知らないから大丈夫」、もしくは「ヘタに騒ぐと暗に教えることになる」と考えたのでしょう。

ペアの鳥では、メスが食べたいものをオスが類推することもあります。実験で①と②、2種類のエサをオスの前に用意。メスはオスと離し、片方のエサしか与えません。メスが①を食べ続けるのを見たオスは、メスと再会したときに②をプレゼント。逆に、メスが②を食べ続けるのを見たオスは①をプレゼントするそうです。「その味には飽きたんじゃない？こっちを食べなよ」ということ。オスはここまでメスに気を遣っているんですね！

とりのほんね

パートナーのメスが何を考えているか、何をほしがっているかを考えて先回りして気を遣わなくちゃ！

87 文鳥がダンス中にクチバシをこすりつけるのは何？

マイ宅
いちごちゃんっ♡
カッ
カッ
ぴょんっ
ぴょんっ
カッ
カッ
ぴょんっ
このクチバシをこすりつけるしぐさは何？
?
カッ
カッ
さ～…何かの合図かな？
人間界のドアノックみたいな感じ？
コン
コン
ぴょんっ
ぴょんっ

文鳥もキンカチョウも、求愛ダンスを始める際は止まり木でクチバシをこするしぐさをします。フィンチのクチバシは前向きで、相手にクチバシを向けるのは威嚇のサインになりますから、敵意がないことを示すために頭を下げるしぐさをするのかもしれません。また文鳥のペアは交互にクチバシをこすりつけることから、互いにリズムをとって息を合わせ、気持ちを高めるという意味もあるのかもしれません。

文鳥やキンカチョウの求愛ダンスは真上へピョンと跳ねる、クチバシをこする、方向転換するなどのしぐさで構成されます。研究の結果、ダンスのしかたは個体によって様式化されていて、歌との合わせ方も決まっていることがわかりました。例えば歌の特定の音程のときに跳ねる、歌っているときと歌っていないときではしぐさのスピードが異なるなど。フィーリングで適当に踊っているわけではないのですね。さらに父親のダンスにそっくりだということもわかりました。やはり歌だけでなくダンスも継承するのです。

とりのほんね

求愛ダンスの振付のひとつ。歌の決まった場所でピョンと跳ねるとか振付はちゃんと決まってるんだ

88 文鳥は求愛のときなぜ何度も飛び跳ねるの？

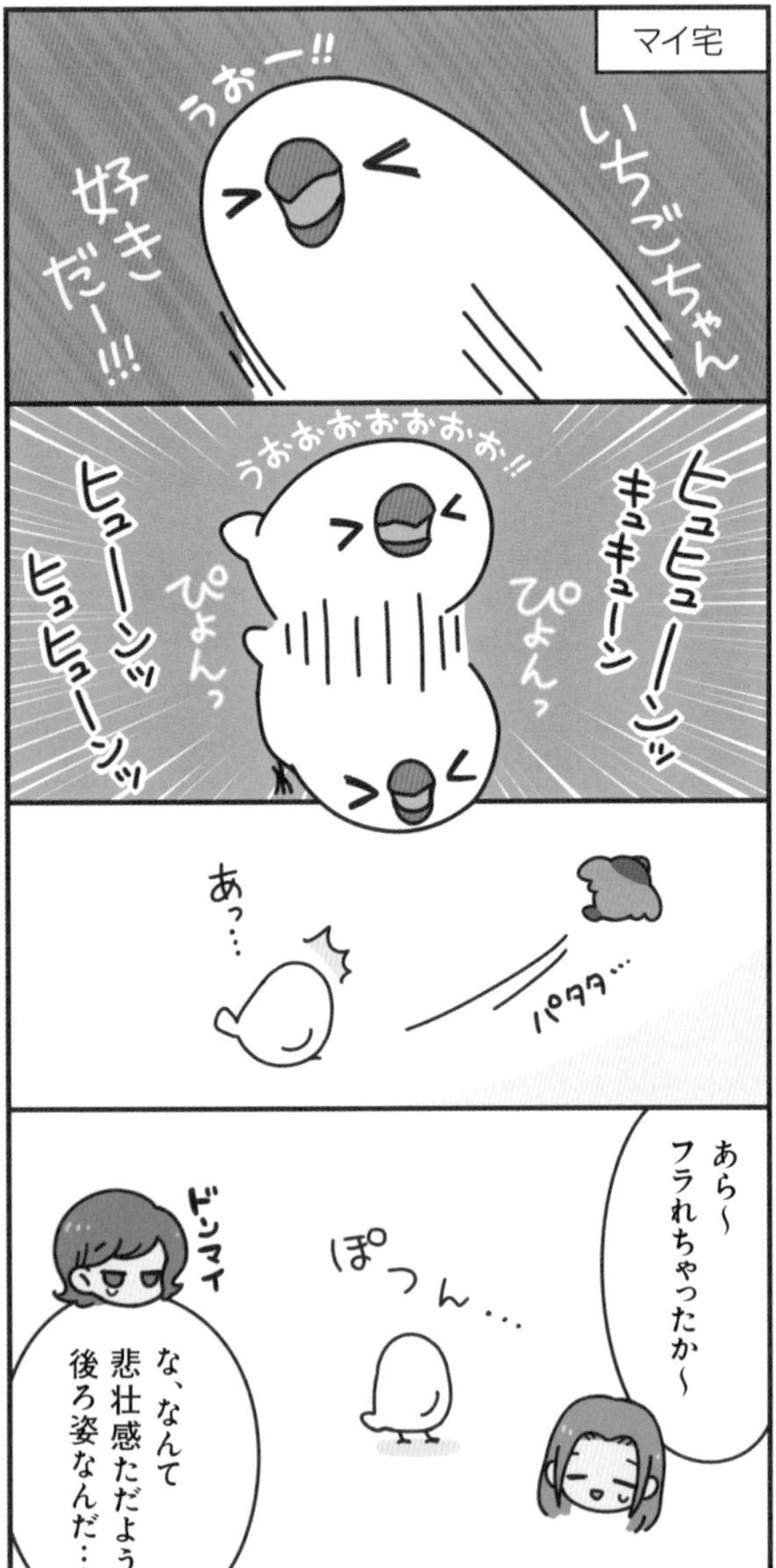

文鳥を含むフィンチの多くは求愛の際、ピョンと上に跳ねるホッピングを行います。ルリガシラセイキチョウもこの一種ですが、その際、小鳥にしては大きな音をたてることに気づいた研究者がいました。そこでハイスピードカメラで撮影してみたところ、**左右の足を交互に動かしすばやくタップを踏んでいること**がわかったのです。片足を上げて下げるまでの時間は約26ミリ秒と、あまりの早業に人の肉眼では確認できないため、ピョンと一度飛び跳ねたようにしか見えなかったのです。

この鳥は歌いながらダンスをし、さらにタップ音を響かせます。しかもこのとき口には巣材の長い藁をくわえて上下に振っています。**ありとあらゆる視覚的、聴覚的効果を使って求愛する**のです。パートナーが同じ止まり木にいるとタップ回数が増えるといいますから、振動が相手に与える効果も考えているかもしれませんね。もしかしたら文鳥などほかのフィンチも、肉眼では見えない動きをしているのかもと想像が広がります。

とりの
ほんね

すばやいホッピングは体重の軽い小鳥ならではの振付！　エネルギーも使うし「ボクは健康！」のあかしになるよ

89 しょっちゅうキスしてるのは愛情のあかし？

鳥カフェ
このコザクラカップル仲がいいねぇ
わ～キスしてる♡
ラブラブだ
ちゅっ
ちゅっ
ちゅっ
むちゅ
むちゅ
むちゅっ
ちゅっ
…やっぱインコって外国の鳥だよな…
なんとなく照…
ちゅっ
ちゅっ

鳥のクチバシの先端は人の指先と同じように触覚受容体がたくさんあり、温度や質感も感じます。感覚が敏感な場所は性感帯でもあるため、インコやオウムのペアはしょっちゅうキスをしています。人がクチバシを触ると気持ちいい顔をする鳥もいます。

とりのほんね

愛しあう者どうしでキスするのは気持ちいい！

90 ほかの鳥の前でパートナーに求愛ダンス！見せつけてる？

ペア以外の第三者がそばにいるとより頻繁に求愛する鳥がいます。これはペアの関係を周囲にアピールし、ライバルを牽制する効果があるそう。だから、第三者がオスだとペアのオスはより熱心に求愛します。「ボクの妻だぞ！」という感じなのでしょうね。

とりのほんね

そのとおり。パートナーを取られないようアピールするんだ

91 鳥もケンカのあと仲直りするの？

セキセイはオスよりメスのほうが攻撃的な性格をしています。そのせいか夫婦間のケンカも多いよう。しかしちゃんと仲直りもすることが研究でわかりました。ケンカのあとは、寄り添って羽づくろいするなどの親和行動をすぐに行っていたのです。**60％以上のセキセイが30秒以内に親和行動をとっていた**といいますから、ケンカの修復にはすばやいフォローが大事ということですね。

似たような行動はカラスでも報告されています。エサの取り合いで仲間を攻撃したカラスは、あとでその仲間の羽づくろいをするなど親和行動を見せたのです。「さっきはゴメン」というところでしょう。

天才ヨウムのアレックスは大事な書類をかじってペパーバーグ博士を怒らせたとき、「I'm《アイム》 sorry《ソーリー》」と言うそうです。博士はこの言葉をアレックスに教えたわけではなかったのですが、アレックスは自然に学んで使うようになったそう。それも哀れっぽい声で言うといいますからたいしたものです。

とりのほんね

群れの仲間とは仲良くしておいたほうがいいから仲直りする。もちろんパートナーとの仲直りは最重要！

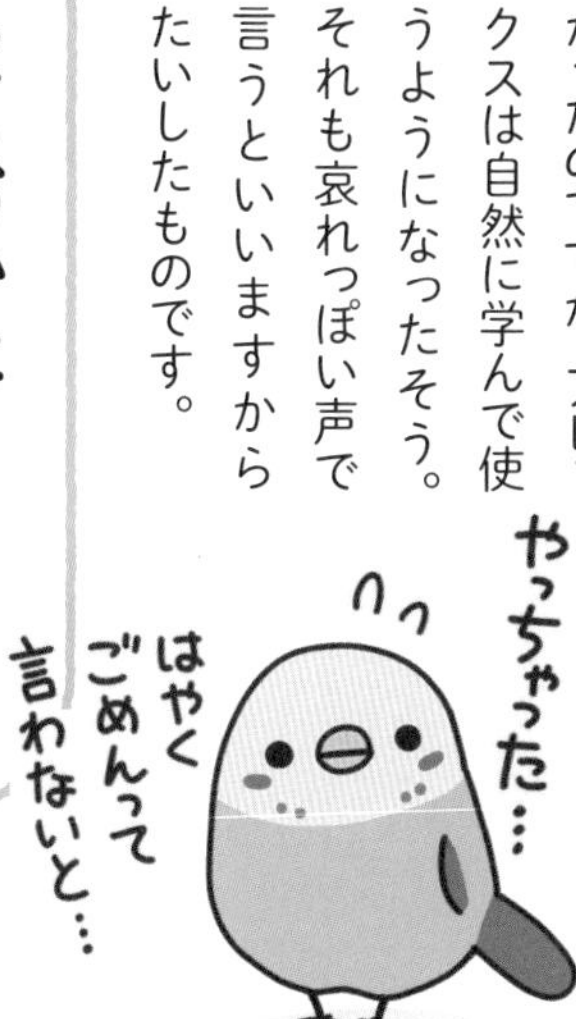
やっちゃった…
はやくごめんって言わないと…

92 パートナーを羽づくろいするのも愛情のあかし？

相互羽づくろいには互いの絆を深めるほか、いっしょに暮らす仲間に寄生虫がいたら自分にもうつってしまうので駆除するという目的も。頭や首は自分ではケアできず誰かにしてもらう必要があるのです。実際に相互羽づくろいが多い鳥は寄生虫が少ないそう。

とりのほんね

愛情もあるけど自分に寄生虫がうつらないためもあるよ

サヤカ宅
ぴょんっ
ぴょんっ
ププピー
ピピーーッ
チュクチュク
ププピーーッ
チュクチュク
今日も熱いラブアタックだね
ぴょんっ　ぴょんっ
ぐる
ぐる
ププピー
チュクチュク
ぴょんっ
チュクピー
ププピーッ
ププピーーッ
ねぇ　カエデもう見てないよ?
ぴょんっ
ププピー
ぴょんっ
チュク
ピー
プププピー
ピーーッ

93 大興奮して歌いまくって疲れないの?

キンカチョウのオスはメスに向かって歌っているときに脳内でドーパミンが大量に出るそうです。これはひとりで歌を練習しているときには見られない現象だそう。ひとりカラオケ（P.41）では得られない快感が、メスへの求愛にはあるのですね。

とりのほんね

脳内麻薬のドーパミンが出るから疲れないのかも

94 卵の中でヒナが育つってどんな感じ？

人間の母親がおなかの中の子どもに話しかけるように、キンカチョウは卵にさえずりかけるという報告がありました。気温が26℃を上回ると親がさえずりかけるそうで、これは「外は暑いから小さい体で生まれておいで」と伝えているようです。暑い気候では体温を逃がしやすい小さい体が有利。実際に、孵卵《ふらん》器で卵を孵すときにこの鳴き声を聴かせるとヒナは小さく生まれてくるそう。またこのさえずりを聴いて生まれた個体は、そうでない個体より暑さのなかで多くの子孫を残せたそうです。

さらに卵の中のヒナどうしもコミュニケーションをとっていることもわかりました。カモメの卵を孵卵器で温め、成鳥の警戒鳴きを聴かせると卵が振動。すると孵化は遅く、生まれたヒナは鳴き声が小さく、体を小さくかがめる傾向があったそうです。これは直接鳴き声を聴かされなかったヒナも同じだったため、卵の中のヒナは振動できょうだいに危険を伝えていると考えられます。親と卵、卵と卵は思った以上にコミュニケーションしているんですね！

とりのほんね

卵の中でも音や振動、光などは感じている。親やきょうだいからのメッセージを受け取ってるんだ！

95 似た者どうしがペアになるってホント？

自分と似た相手を好きになることは人間にも動物にも見られる現象で、動物学では「同類交配」と呼ばれます。これだけ多くの鳥種がいるなかで間違えずに同種とペアになるのは、親やきょうだいを見て似た相手を好きになるからです。

しかし、似た相手といっても親やきょうだいそのものを好きになってしまうと近親交配となり、遺伝病などの発生が高まって危険。鳥にも近親交配を避ける本能があるようで、実験でいっしょに育ったきょうだい、血のつながりのない同種、そしていとこを並べると、いとこの異性を好きになりやすいということがわかっています。要は、近すぎず遠すぎない相手がベストということ。実際に相性もよいようで、いとこどうしのペアからはほかのペアより早く卵が産まれる傾向があります。

一夫一妻制の鳥はペア間で鳴き声をマネたり行動をシンクロさせますから、つがいになったあとはますます似てきます。「夫婦は従兄弟ほど似る」ということわざがありますが、鳥は人間以上なのです。

とりのほんね

子孫を残すには同種とペアになる必要があるし、相手が親やきょうだいと似てると安心。近すぎず遠すぎないのがベストだね

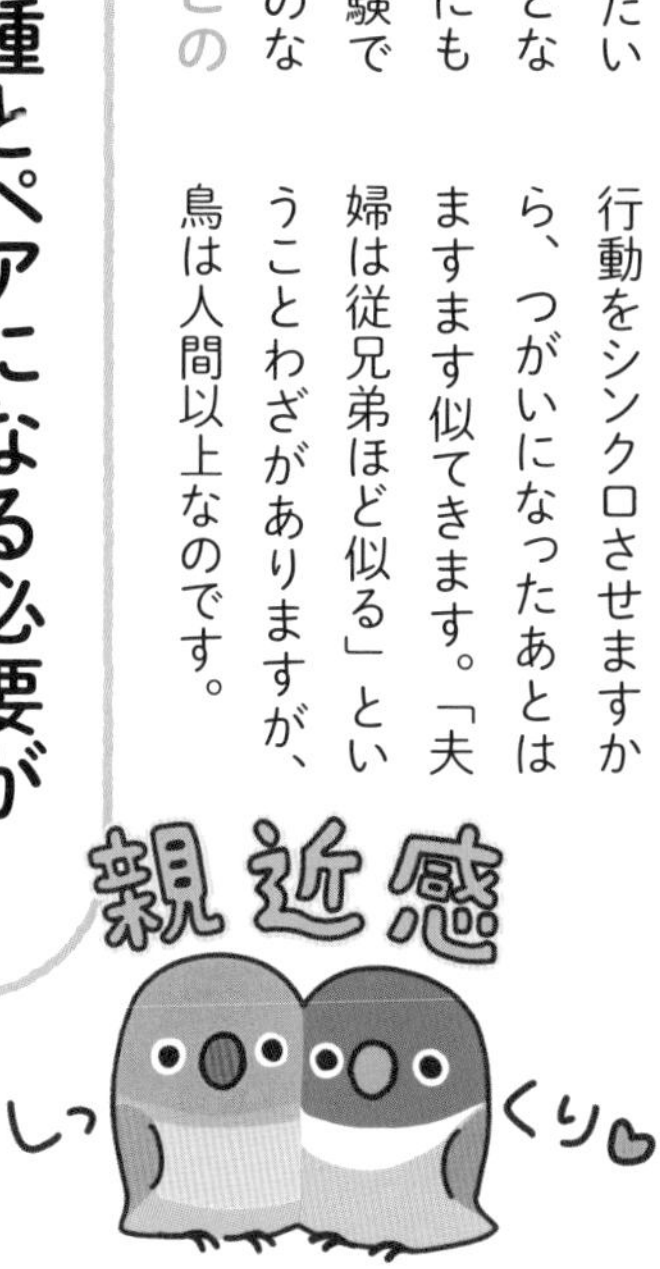

96 メスはオスよりも心がわりしやすい？

鳥カフェ
あれ？
この子
別のオスとペア
じゃなかった？
じつは…
ペアのオスが
ケガでしばらく
入院していたら
動物病院
そのあいだに
別のオスと
くっついちゃって…
ガーーン
さよなら
鳥の世界も
甘くないんだなあ…
うう…

いつの世もドライなのは女性のほうなのでしょうか。セキセイのメスはパートナーのオスと別居すると、パートナーの声にだんだんと反応しなくなるそうです。実験でペアを別居させ、メスに夫の鳴き声と別のオスの鳴き声を聴かせます。メスは別居後2か月までは別のオスより夫に鳴き返す率が高いのですが、別居後6か月になると別のオスと同程度まで下がってしまうそう。また別居期間が70日以上だと、再会したときに再びペアになる例はなかったそうです。寿命が10年くらいのセキセイにとって70日以上のブランクは長すぎるのでしょう。ましてや繁殖できるのは4年ほど。「元カレのことは忘れて新しいカレを探そう」となるのも無理はありません。

キンカチョウのメスにいたっては、パートナーの歌声が3日聴こえないと新しいパートナーを探しはじめるという報告も。いくら寿命が短いとはいえ早すぎる気がしますが、これでオスがひっきりなしに歌って求愛している理由がわかりますね。

とりのほんね

オスがいなくなってもしばらくは待つけど、何か月もなんてムリ。繁殖のためには新しいカレを探さなきゃ！

元カレ
えーっと誰だっけ？

97 鳥も浮気するの？

鳥カフェ
ちょっと出かけてくるよ
わかったわアナタ
パタタ…
すっ…
おじょうさんぼくと一緒に来ませんか？
あら…良いオトコ…
ただいま…
ガンッ
!?
さぁ
でも…
コラ――!!
っっっ
そこのカノジョ
あら
モテモテだねえ

これまでさんざん一夫一妻制を語ってきましたが、じつは一夫一妻制にも2種類あります。絶対に浮気しない「遺伝的一夫一妻制」と、陰でこっそり浮気する「社会的一夫一妻制」で、鳥の世界は後者がほとんどとされています。インコやオウム、鳴禽類も例外ではありません。

鳥の浮気はDNA検査によって判明しました。一夫一妻制のペアの卵を調べると、多くの鳥種で夫ではないオスとの卵があったのです。オスはなるべくたくさん自分の子孫を残したい、メスはなるべく優秀なオスの卵を産みたいというのは自然の摂理。セキセイのオスはペアの夫がいないときを狙ってこっそりよその妻に近づくこともわかっています。

しかし、浮気してばかりだと夫は妻を見張れず、別のオスに寝取られる恐れがあります。また妻の浮気に気づいた夫がヒナへの給餌を手抜きする例もあり、浮気してばかりだと夫婦間のヒナも育てられないという本末転倒なことに。何事も頻度、バランスが大切なのです。

とりのほんね

チャンスさえあれば浮気もして
自分の遺伝子をたくさん残したい。
でも妻には浮気されたくない！

98 鳥にも同性愛があるってホント？

鳥カフェ
イチャ
イチャ
ふふっ
これはまた
いちだんと
ラブラブな
カップルだね
アッアツ
ですよね～
…オスどうし
ですけど
Bird Boys Love
そっかぁ…
君たち
バードでボーイズな
ラブなのかぁ…
鳥の恋愛
奥深い…

ふしぎなことに、鳥類にも同性カップルが見られます。オスどうしもいますし、メスどうしもいます。

これについては単身でいるよりも、同性であれペアになったほうが実質的、精神的メリットがあるからではないかといわれています。例えば相互羽づくろいによる寄生虫の駆除（P.176）もそうですし、傷ついたときのなぐさめ（P.111）も、決まった相手がいれば受けやすいでしょう。実験で9羽のオスのキンカチョウをいっしょにすると、4組のオスどうしカップルができたというデータも。そのうち2組は、メスを加えたあともつがい関係を維持したそうです。

さらに驚くのが、同性どうしのペアも子育てすることがあるということ。ペンギンでは育児放棄された卵をオスどうしのペアが孵して育てた例がありますし、よそのオスと交尾をして産んだ卵をメスどうしのペアで育てるカモメもいます。ペアが協働して懸命に子育てするようすは、異性でも同性でも変わらないのです。

とりのほんね

90種以上の鳥で同性愛が確認されている。雌雄のペアと同じように仲睦まじいしヒナを育てるペアもいるんだよ

ぼくの大好きなパパとパパ！

99 ひとりぼっちで過ごす時間が長いとかわいそう？

まったり
幸せ…
家でできる
仕事に変えて
よかった〜
そういえば
ひとり暮らしの
会社員時代に飼ってた
ヒヨちゃんは
毛引きをしちゃって
かわいそうだったな
遅刻
遅刻っ
バタ
バタ
病院でも
原因が
わからなくて…
毎日仕事に
追われて
いっしょにいる
時間も
短かった…
いまならわかる
ヒヨちゃんはきっと
寂しかったんだよね
ぎゅ…
?
ごめんね
ヒヨちゃん

染色体にあるテロメアという遺伝子は、寿命を司るといわれています。テロメアは細胞分裂のたびに短くなり、一定の長さ以下になると細胞分裂できなくなり、死に至ります。逆にいえば、テロメアの長さを測ることで残りの寿命を推測できるのです。

２０１４年に発表された研究データで、**孤独なヨウムは寿命が縮む**ことが示唆されました。1羽で暮らすヨウムはペアで暮らすヨウムと比べると、同年齢でもテロメアが短かったのです。ペアで暮らす23歳のヨウムと、1羽で暮らす9歳のヨウムのテロメアが同程度の長さだったというデータも。テロメアは慢性ストレスによっても消耗するといわれ、孤独がストレスになったことは間違いないでしょう。

社交的なカラスはそうでないカラスより健康で寄生虫に感染しにくいという研究結果もあります。群れで暮らす鳥にとって、他者との交流や絆は必要不可欠なもの。とくに1羽飼いの鳥は、飼い主さんがたくさんかわいがってあげましょう。

とりのほんね

群れで暮らす習性の鳥にとって孤独は何よりも耐えがたい苦痛…。誰かと交流したいのが鳥なんだ

100 「アイシテル」という鳥。意味をわかって言ってる？

天才ヨウムのアレックスは鳥の知能のすばらしさを世界中に知らしめた、鳥界のスーパースターといえるでしょう。その知能はしばしば人間の想像を超えていました。例えば造語です。アレックスはおやつに与えられるリンゴを「Banerry《バネリー》」と名づけました。どうやら味はバナナっぽく見た目はチェリーに近いものとして認識したようなのです。ほかにも乾燥トウモロコシは「Rock《ロック》 Corn《コーン》」(石みたいなトウモロコシ)、ケーキは「Yummy《ヤミー》 Bread《ブレッド》」(おいしいパン)という具合に表現しました。いずれも納得の表現で、人間と鳥は近い感覚をもっているのだとわかります。

アレックスは31歳でその生涯を閉じましたが、彼が亡くなる前、最期にペパーバーグ博士に伝えた言葉は「You《ユー》 be《ビー》 good《グッド》, I《アイ》 love《ラブ》 you《ユー》」(いいこでね、愛してる)でした。

鳥が言う「I love you」の真意はわかりません。しかし鳥の愛は人間以上にまっすぐでひたむきです。鳥は人に勝るとも劣らない愛情を、その小さな体で毎日私たちに与えてくれていることは間違いありません。

とりのほんね

ちゃんと意味がわかって伝えてる鳥もいるんじゃないかな。鳥の愛はいつでもひたむきで直球だよ

マンガ・イラスト　もねこ
鹿児島県在住、インコを愛でるイラストレーター、グラフィックデザイナー。
セキセイインコのふく、挿し餌から育てたオカメインコのぽぽの２羽と暮らす。
愛鳥をモデルにしたキャラクターグッズも製作。
twitter　@moneinco

監修　磯崎哲也（いそざき てつや）
ヤマザキ動物専門学校非常勤講師。一級愛玩動物飼養管理士。
1997年よりウェブサイト「飼鳥情報センター」を運営。
欧米の鳥類獣医学や科学的飼養管理情報の収集、研究と普及に努める。
著書に『幸せなインコの育て方』（大泉書店）、『ザ・インコ＆オウム』（誠文堂新光社）、
『楽しく暮らせるかわいいインコの飼い方』（ナツメ社）、
監修に『インコ語レッスン帖』（大泉書店）など多数。

編集・執筆　富田園子（とみた そのこ）
動物好きのライター、編集者。日本動物科学研究所会員。
担当した書籍・雑誌に『幸せな文鳥の育て方』（大泉書店）、
『Companion Bird』（誠文堂新光社）、『小鳥のキモチ』（学研パブリッシング）など。

ブックデザイン　あんバターオフィス
DTP　ZEST

とりほん
飼《か》い鳥《どり》のほんねがわかる本《ほん》

2020年10月５日発行　第１版
2023年12月15日発行　第１版　第５刷

監修者　磯崎哲也
著　者　もねこ
発行者　若松和紀
発行所　株式会社 西東社
〒113-0034　東京都文京区湯島2-3-13
https://www.seitosha.co.jp/
電話　03-5800-3120（代）

※本書に記載のない内容のご質問や著者等の連絡先につきましては、お答えできかねます。

ISBN　978-4-7916-2926-8